陆海综合体监管理论与实践

许贵林　邬　满　文莉莉 等　编著

科 学 出 版 社

北　京

内 容 简 介

本书采用“循序渐进，逐步深入”的写作方式，从理论到实践详细介绍了陆海综合体监管体系。本书按内容结构分上下两篇，上篇包括第一章至第七章，主要介绍陆海综合体思想的产生背景和陆海综合体的理论框架，从生态、生产、生活三个角度介绍了陆海综合体的概念、特征和范围等属性；下篇包括第八章至第十章，主要介绍广西北部湾陆海综合体动态监管技术标准与接口设计、动态监管新方法技术应用，并以陆海综合体网格大数据监管平台、海岸带资源与权属调查监管系统、广西涉海规划“多规融合”平台等实际应用案例详细介绍陆海综合体动态监管技术框架的组成和应用。

本书面向具备一定国土和海洋管理知识的读者，旨在提出一套陆海综合体理论和技术体系，为国土和海洋管理和相关技术与方法研究提供一定的思路。

图书在版编目（CIP）数据

陆海综合体监管理论与实践/许贵林等编著. —北京：科学出版社，2021.3

ISBN 978-7-03-067584-2

Ⅰ. ①陆…　Ⅱ. ①许…　Ⅲ. ①海洋环境–环境监测–研究–中国　Ⅳ. ①X834

中国版本图书馆CIP数据核字（2021）第000936号

责任编辑：朱　瑾　闫小敏 / 责任校对：严　娜

责任印制：吴兆东 / 封面设计：无极书装

科学出版社出版

北京东黄城根北街16号

邮政编码：100717

http://www.sciencep.com

北京建宏印刷有限公司　印刷

科学出版社发行　各地新华书店经销

*

2021年3月第　一　版　开本：720×1000　1/16

2021年3月第一次印刷　印张：11 1/4

字数：226 800

定价：148.00元

（如有印装质量问题，我社负责调换）

《陆海综合体监管理论与实践》撰写人员名单

（按姓氏汉语拼音排序）

陈　波　陈鑫禅　程海燕　黄　乐

苏小玲　文莉莉　邬　满　许　希

许贵林　严小敏

序

21世纪以来，陆海关系逐渐变得复杂，全球资源紧缺、人口膨胀、环境恶化问题日益严重，陆域经济的发展受到限制，海洋经济越来越受到重视，海洋产业体系逐渐拓展。从海洋产业、海洋经济、海洋环境污染和生态破坏等深层次分析来看，单纯制定海上的规划与防护措施是无法解决问题的，必须实施陆上与海上的双层次治理和防护，实施陆海联动，采用统筹规划的方式，才能根本有效地解决海洋环境与生态的问题。

我国在“十二五”期间首次提到陆海统筹战略，宗旨在于推动国家海洋经济发展，改善和调整国土空间资源开发格局，以建设海洋强国。伴随我国“十三五”规划与“一带一路”倡议，陆海统筹的战略意义变得尤为重要。陆海统筹的核心问题应是陆海综合监管问题。

据统计，我国经法律授权编制的规划有80多种。但由于规划编制部门分治，国民经济和社会发展规划、城乡规划、土地利用规划、环境保护规划，以及其他各类规划之间内容重叠交叉，甚至矛盾的现象突出，不仅浪费了资源，而且导致资源配置在空间上缺乏统筹和协调。目前，陆域与海域没有综合信息（生态、环境、资源、海洋经济）立体监管手段，传统单一空间监测导致多个规划冲突、项目重复审批、项目区域重叠和产业经济监管困难等问题；同时，缺少解决信息共享问题的有效技术手段，各行各业之间的数据标准和接口不一致，造成海岸带管理出现很多的信息孤岛。

广西作为“一带一路”有机衔接重要门户，具有陆、海、边相邻的独特优势，在国家建设海洋强国战略的背景下，为发挥北部湾经济区作为我国沿海发展新增长点的优势，研究陆海交替的巨型复杂综合体和庞大信息综合体，建立陆海综合体监管理论和技术体系，对监管北部湾陆海综合体的生态、环境、资源、经济协调发展有着极其重要的战略意义。在既要“金山银山”，又要“绿水青山”的双重压力下，海域、陆域及陆海过渡带，特别是复杂关键区域（即海岸带的“带中带”，就像城市综合体中的“城中城”）的陆海综合体监管体系建设已势在必行。

为解决上述问题，该书创新性地提出了陆海综合体的概念及监管理论体系。陆海综合体包括陆域、陆海交替的潮间带、航道、岸线、码头以及海域海岛的一个行政单元、自然单元、权属单元或这些单元组合成的异常复杂关键区域，同时是一个资源丰富、信息庞大的复杂信息综合体。陆海综合体监管理论体系，是将基于物联网的陆海立体监测数据融合成一套对应的包含生态、生产和生活等时空信息的复杂陆海信息综合体，利用精细化网格技术、大数据分析技术、地理人工智能技术、分子生物技术等进行综合生境分析和规划对策实证实验研究，用于政府管理及各种行业的数据统计分析、辅助决策等。

该书在此理论体系下，开展了实践探索，立足广西北部湾经济区，构建了广西沿海陆海空间的无缝覆盖和动态综合监管“1+1+*N*”技术体系框架，即“1”个陆海综合体的动态监管理论，“1”套陆海综合体地理网格剖分技术参考框架和“*N*”个监管应用，推动了从单一空间资源到综合资源动态监管技术的跨越，促进了空间资源综合监管理论与技术体系的发展，也为我国推进陆海统筹、多规融合建设奠定了理论基础。

2020年2月

前　言

陆海综合体是一个包括陆域、陆海交替的潮间带、航道、岸线、码头，以及海域海岛的一个行政单元、自然单元、权属单元或这些单元组成的异常复杂关键区域的资源丰富、信息庞大的复杂信息综合体。空间上包括生态综合体、生产综合体、生活综合体，以及对应的信息综合体，基于此对自然资源“山、水、林、田、湖、草、海、湿地”生命共同体信息进行监管和表达。技术体系上综合“空天地海”一体化监测、大数据处理与分析、物联网技术等各种方法，实现对陆海综合体的立体监测、数据转换与数据存储，建立相应的数字模型，形成一套对应的复杂陆海信息综合体，以便用于政府管理及各种行业的数据统计分析、辅助决策等领域。

本书在“复杂陆海综合体动态监管关键技术及其规模化应用”、“北部湾海洋牧场时空数据网格化智慧服务平台研发与示范应用”等多个创新驱动科技项目资助下收集整理了40TB数据，集成了70多个应用系统，空间上跨越了陆域、陆海交替区域、海域等多个复杂区域。为解决陆海传统空间与资源单一、信息孤岛和陆海分离管控等问题，本书从陆地、海洋资源配置和管理的一体化监管角度出发，深入分析海岸带区域生活、生产、生态等相关方面的空间资源开发利用与经济活动，提出陆海综合体的理念；在此基础上，结合物联网、地理信息系统（GIS）、地理网格剖分、大数据处理与分析等技术，实现对陆海综合数据的融合与统一编码，构建包括陆域、海域、陆海交替区域的无缝衔接的陆海信息综合体及其监管平台，实现陆海综合体的监测与数据共享，建立相应的智能分析模型，为政府管理及各行业数据统计分析、辅助决策等提供强有力的技术与信息支撑。

编著者

2020年2月于南宁

目　录

上篇　陆海综合体理论及监管体系

下篇　陆海综合体监管体系实践——以广西北部湾为例

上　篇

陆海综合体理论及监管体系

第一章 概 论

众所周知，地球表层是由彼此密切联系的各自然地理成分有规律地组合而成的统一整体，可以简单分为陆域和海域两部分。

在宏观尺度上，地球是一个由海域和陆域交织在一起形成的复杂庞大的陆海综合体，包括岩石圈、水圈、大气圈、生物圈和人类圈。这些圈层在横向分带，在纵向分异，彼此合作、相互服务、交互作用。

在区域尺度上，通常人们把这些圈层在一定区域内用地图地理要素来表达，地理实体是地图上最基本的地理内容，可以表达位置、分布特点和相互关系。包括水体、地貌、土质植被等自然要素与居民地、交通网、政治行政界线、工农业设施和文化遗迹等社会经济要素。水体又有江、河、湖、海等；地貌又有各类平原、山地、丘陵及各种特殊地貌；植被又有森林、灌丛、草地、沼泽等。居民地包括城市、集镇、乡村等；交通网包括铁路、公路、航运等及机场、车站、港口等附属建筑。这些区域按一定的自然区划或人类的各级行政区划有规律地组合分带而成的统一整体就是区域尺度的水陆综合体或者陆海综合体。

在局部尺度上，上述地理实体进一步细分，在地图上的详细程度、精度、完备性主要取决于地图比例尺。比例尺愈大，表示的地理要素愈详细，随着比例尺的缩小，内容的概括程度也相应增加。此外，地图性质和用途不同，地理要素内容也有很大差别。在海域和陆域相互作用的特殊区域，有一个海岸带，是存在陆地与海洋相互作用的一定宽度的地带，其上界起始于风暴潮线，下界是波浪作用下界，即波浪扰动海底泥沙的下限处。海岸带的特殊关键区域形成局部尺度的陆海综合体。

海岸带由3个基本单元组成：海岸，平均高潮线以上的沿岸陆地部分，通常称潮上带；潮间带，介于平均高潮线与平均低潮线之间；水下岸坡，平均低潮线以下的浅水部分，一般称潮下线。此外，海岸带还包括河口和港湾。中国在进行海岸带调查时，规定调查范围为：由海岸线向陆方向延伸10千米左右，向海方向至水深10～15米等深线处；在河口地区，向陆方向延伸至潮区界，向海方向延至浑水线或淡水舌。海岸带是临海国家宝贵的国土资源，亦是海洋开发、经济发展的基地，以及对外贸易和文化交流的纽带，地位十分重要。

海岸带作为我国沿海发展新的增长点，是一个包括陆海交替区域的巨型复杂综合体和庞大信息综合体，综合体内部的生态、环境、资源、经济协调发展与监管有着极其重要的战略意义。在既要“金山银山”，又要“绿水青山”的双重压力下，海域、陆域及陆海过渡带，特别是复杂关键区域（即海岸带的“带中带”，就像城市综合体中的“城中城”）的陆海综合体监管技术体系建设刻不容缓。

第一节 海洋是地球表层重要组成部分

在我们这颗蔚蓝色的星球上，海洋占地表总面积的71%，是地球生物的发源地。它养育了地球上大部分的植物和动物，包括地球上最大的哺乳动物蓝鲸，以及微小的藻类浮游植物；它还产生了所有陆地生物呼吸所需的一半以上氧气，包括人类。海洋不仅仅是地球生命的摇篮，更是地球整个生态系统的重要组成部分，主要体现在以下几个方面。

（一）海洋是地球的“空调”

海洋在气候变化中起着极其重要的作用[1]。厄尔尼诺现象会造成北半球出现暴雨和洪水灾害；拉尼娜现象会导致北半球出现干旱缺雨现象。此外，温室效应、海平面上升、海洋环境灾害等问题日趋严峻。同时，海洋是全球气候系统的重要环节之一，它通过与大气进行能量、物质交换和水循环等在调节及稳定气候中发挥着决定性作用[2]。尤其其因可吸收大气中40%的二氧化碳而被称为地球气候的“调节器”；此外海洋是地球上最大的碳库，海洋储存的碳是大气的60倍，是陆地土壤层的20倍。海洋生物每年可以捕获和储存870万～1650万吨二氧化碳。图1-1是环境优美、气候宜人的海滨城市——广西北海市（涠洲镇）。

图1-1 环境优美、气候宜人的海滨城市广西北海市（涠洲镇）

（二）海洋是人类的“粮仓”

根据联合国粮食及农业组织统计，世界海洋渔业资源总可捕捞量为2亿～3亿吨，目前实际捕捞量近1亿吨[3]。我国的海洋捕捞量在1400万吨左右，约占世界海洋总捕捞量的14%。

我国海域从南到北，共跨越37个纬度，呈现暖温带、亚热带、热带各种不同的环境，鱼类种数的分布有南多北少的趋势。黄渤海区约有鱼类291种，东海大陆架海区有鱼类727种，南海北部大陆架海域有鱼类1064种。我国已经记录鱼类1694种，近海的虾蟹类有600多种，沿海分布有常见藻类200多种，经济价值较大的鱼类有150多种。根据渔业资源分布特点和生物学特性，我国渔业资源可分为：底层经济鱼类资源、中上层经济鱼类资源、经济虾蟹类资源和经济藻类资源等。广西北部湾海域拥有大量的蚝排养殖区，全国约70%左右的蚝苗产自这片海域，如图1-2所示。

图1-2　广西北部湾蚝排养殖区

（三）海洋蕴藏了大量的能源资源

我国海洋石油资源量约246亿吨，天然气资源量约16万亿立方米，分别占全国总量的23%和30%。近20年来，我国石油产量的一半以上增长量来自海洋，为全国石油供给做出了突出贡献[4]。另外，全球海洋中可再生能源可利用量约70亿千瓦，是目前世界发电量的十几倍[5]。我国海洋可再生能源资源主要有潮汐能、波浪能、温差能、盐差能等，总量约为25.07亿千瓦。

第二节　沿海地区对我国国家发展的重要意义

海洋使沿海地区雨量充沛，适合发展农业；海洋为沿海地区提供了区位优势，便于进行区域间、国家间的经济和文化交流；海洋使沿海地区（个别冰封区除外）气候适宜、空气清新，适合人类生存[6]。由于濒临海洋易形成优越的地理环境，气候温暖适宜，适合人类居住，同时适合经济和社会发展，全世界经济、社会和文化最发达的区域多位于沿海地区，世界80%的人口居住在距海岸200千米的沿海地区。中国的沿海地区濒临太平洋西部，处于中纬度地区，气候宜人、物产丰富、交通方便，是中国人口密度最大和经济、文化、科技最发达的地区。

“一带一路”国家级顶层倡议提出，中国要充分依靠海岸带区域的地理优势，实施国家间的多边合作机制，积极发展与沿线国家的经济合作伙伴关系，共同打造政治互信、经济融合、文化包容的利益共同体、命运共同体和责任共同体[7]。广西壮族自治区是“一带一路”陆、海、边相邻的有机衔接重要门户，北部湾经济区和沿海开放形成的珠三角、长三角及环渤海三大经济圈，共同构成了中国经济发展的两个金三角和两个黄金海岸，生产总值占全国的比例超过60%，北部湾沿海经济成为继京津冀、长江经济带和珠江-西江经济带之后新的增长极。

海洋对中国东部地区尤其是沿海地区有巨大的作用[8]。自黑龙江省黑河市到云南省腾冲市一线以东的东部地区，约占我国国土面积的一半，因受海洋影响雨量较多，气候较好，自然条件比西部优越，全国90%的人口、粮食产量、工农业总产值集中在这一地区，西部只占10%。而其中沿海省（自治区、直辖市）的陆地面积只占全国国土陆地总面积的15%，人口占全国的40%以上，社会总产值却占60%左右。经济和社会发展水平越高，人口越向最适合人类居住的沿海地区集中。目前世界60%的人口居住在沿海地区，随着社会的发展，到21世纪末，沿海地区的人口有可能达到总数的75%。参照发达国家的历史经验，21世纪中叶中国可达到中等发达国家的水平，50%～60%的人口将居住在沿海地区，400毫米降水量等值线以下的地区人口比例会进一步下降，沿海地区总人口可能达到8亿～10亿，人口密度可能达到每平方千米500～800人。海岸带要为沿海地区解决居住用地、休养用地（水域）和食品问题做出贡献。

沿海地区的港口和城市是带动沿海地区繁荣与发展的龙头。沿海经济的进一步发展必然带动沿海地区的城市化进程。中国沿海有中等以上城市25个，平均720千米一个，小城市比较少。我国达到中等发达水平以后，在18 000千米海岸线上可能有500个左右不同规模的城市和港口，形成城市化的经济、社会和文化发达地带。城市的发展既要占用陆地，也要占用岸线和水域，这既是沿海地区陆地开发的战略问题，也是未来海洋开发的重要任务。

沿海地区是国防前沿。鸦片战争以来，国家安全的威胁主要来自海上。1840～1940年的100年中，外国从海上入侵我国479次，规模较大的有84次，入侵舰船1860多艘，兵力47万多人，迫使清朝政府签订不平等条约50多个。沿海地区在抵御外来侵略的斗争中，处于最前线。我国海岸线18 000多千米，海岸类型多样，平原海岸、生物海岸、基岩海岸错落分布，港湾多，适合于进行海防建设和海岸防御。沿海的广阔浅水区适合布放水雷，也是具有战略意义的地理屏障。图1-3为山东威海市刘公岛上的甲午海战纪念馆。

图1-3　甲午海战纪念馆（刘公岛）

第三节　海岸带综合监管对我国沿海地区发展的重要意义

岸线资源是稀缺且不可再生的资源，是不可多得的战略资源，对地方经济建设、社会发展和人民生活水平提高以及和谐社会构建起着巨大的作用。对岸线资源进行合理开发利用和保护，可促进地区经济发展，并为人们提供休憩和旅游场所，达到生态效益、社会效益和经济效益三丰收；反之，将会为海洋生态环境造成破坏，甚至产生不可逆转的危害，导致生态环境的恶性循环。图1-4为广西北部湾海岸线现场勘测无人机航拍照片。

图1-4　广西北部湾海岸线现场勘测图

海岸带区域受陆地与海洋交替环境的影响，各类资源丰富、生态环境优美、对外贸易便捷、适宜人类居住等，吸引了大量人口从内陆地区向此集结，这些因素导致沿海地区城市化进程增速。但与此同时，伴随着沿海城市化加速推进以及内陆生态环境等问题，海岸与近海海域承受的生态环境压力不断加大。而作为受陆海交互作用直接影响的区域，海岸和近海海域成为陆地产业与海洋产业综合交织的地带，如何处理好海岸资源开发和生态环境协调的关系，是亟待解决的问题。

尽管自21世纪初以来关于保护海岸与近海海域的呼声不断，但不合理的围海造地、大面积的围垦养殖、不合理的港口布局、疏于管理的滨海旅游开发、陆源污染的排放等现象仍在加剧。越来越多的人把视野转向了投入成本低、获利大的海岸和近海海域。

海岸线存在利用粗放、利用效益低下的问题[9]。以河北为例，受区域经济发展规模和发展水平的影响，全省海岸线资源开发利用长时间处于资源主导型发展模式的阶段；以外延式开发为主，内涵式开发利用不足；资金和技术密集或城镇利用岸线比例低，岸线利用粗放，产业规模小、利用效益低，单位岸线产出水平低，岸线利用结构不能满足沿海经济社会的发展需求；有些岸线用途不合理，没有充分发挥岸线的最大效益，应进行统一规划，让海岸线的价值得到充分发挥。

海岸线开发存在重利用、轻保护、跟踪管理不到位的问题。随着海洋经济的发展，海洋在社会经济发展中的作用愈来愈重要，各地方政府在近海海域使用上积极性较高。而一旦近海海域审批到手，某些用海单位在使用管理上，特别是海域保护上，不按批准的规划和承诺执行，导致近海海域侵蚀、破坏和污染等现象时有发生。

自然资源部及原国家海洋局①近年来发布的海洋环境质量公报更是令人担忧。公报显示，中国近岸海域污染状况依然严峻，部分排污口邻近海域环境污染呈加重趋势，滨海湿地生态环境和生态功能因大规模围填海活动而大量永久性丧失。特别是黄河口、长江口、珠江口、渤海湾、杭州湾和乐清湾等陆源排污口地区，悬浮物、化学需氧量、营养盐、石油类和重金属等污染严重。

更为可怕的是，由于近年来沿海地区经济社会持续快速发展，城市化、工业化和人口集聚趋势进一步加快，围填海造地热潮再次兴起[10]。沿海地区填海造地呈现出速度快、面积大、范围广的发展态势。据悉，目前通过围填海每年新增的建设用地占全国每年新增建设用地总面积的3%～4%，占沿海省（自治区、直辖市）每年新增建设用地面积的13%～15%。究其原因，主要有两方面：一方面，人们对海岸带的认识不到位造成了很多违背自然规律的开发和利用；另一方面，管理部门缺乏动态综合监管海岸带的技术手段。

海岸带是陆海交互地带，海岸线的利用涉及海域、土地、港口、旅游、水产、城建、水利和环保等领域。虽然相关部门从本行业发展的角度制定了涉及海岸带利用的相关规划，但这些规划缺乏海岸带全局统一利用的宏观把握，规划之间也缺乏协调与衔接，存在用线（海岸线）、用海和用地冲突问题，对海岸生态系统产生了不同程度的影响。因此，在既要“金山银山”，又要“绿水青山”的双重压力下，建立海岸带及近海区域的陆海综合体动态监管体系是重中之重。

本章参考文献

[1] 秦曾灏. 海洋在气候与气候变化中的地位和作用[J]. 海洋通报, 1991, (4):87-92.
[2] 胡敦欣. 海洋在全球气候变化中的作用——概况、展望与建议[J]. 科学中国人, 2005, (11):23-25.
[3] 乐家华, 陈新军, 王伟江. 中国远洋渔业发展现状与趋势[J]. 世界农业, 2016, (7):226-229.
[4] 刘剑锋. 世界顶级八大海洋石油产区[J]. 石油知识, 2019, (4):8-9.
[5] 钱松. 海洋石油——石油生产增长的潜力所在[J]. 中国石油和化工经济分析, 2006, (2):43-49.
[6] 劳群. 人力资本和能源对我国东部沿海地区经济增长的贡献研究[D]. 青岛: 中国海洋大学硕士学位论文, 2013.
[7] 王倩. 我国沿海地区的“海陆统筹”问题研究[D]. 青岛: 中国海洋大学博士学位论文, 2014.
[8] 陈中春. 广西沿海港口发展变迁的历史与政策因素研究（1949-2005）[D]. 桂林: 广西师范大学硕士学位论文, 2007.
[9] 宋飔超. 现行港口岸线收费制亟待完善[J]. 中国水运, 2007, (6):18-19.
[10] 赵建华. 海岸带地区可持续发展对策研究[J]. 海洋开发与管理, 2001, 18(5):21-26.

① 2018年3月，根据第十三届全国人民代表大会第一次会议批准的国务院机构改革方案，将国家海洋局的职责整合；组建中华人民共和国自然资源部，自然资源部对外保留国家海洋局牌子；将国家海洋局的海洋环境保护职责整合，组建中华人民共和国生态环境部；将国家海洋局的自然保护区、风景名胜区、自然遗产、地质公园等管理职责整合，组建中华人民共和国国家林业和草原局，由中华人民共和国自然资源部管理；不再保留国家海洋局。

第二章　陆海综合体思想产生背景

第一节　海洋经济的发展

俗话说："靠山吃山，靠海吃海"[1]。随着世界各国经济与社会的高速发展，各国家在资源方面面临的压力越来越大，许多国家的内陆资源已逐渐被过度开发，资源的短缺严重制约了经济与社会的发展。因此，向沿海、深海拓展发展空间，加大海洋资源开发力度，大力发展海洋经济，进一步释放海的潜力，对于中华民族的伟大复兴及中国梦的实现具有极其重要的战略意义。

（一）海洋经济的内涵

在当今世界，海洋经济在临海各国的经济与社会发展中起着举足轻重的作用，它不仅可以快速拉动经济增长，弥补陆地经济发展疲软的不足，成为经济发展新的增长极；而且可以增加大量的涉海从业岗位，创造大量的就业机会，缓解社会矛盾。然而，随着海洋经济的快速高速发展，临海各国面临的压力越来越多，这些压力包括海洋资源保护、海洋生态环境保护、海洋生物多样性保护、海洋灾害防治、解决海洋权益争端、缓解全球气候变化等各方面。如何采取有效合理的措施，实现对海洋从国际、国家到地区多层次的综合治理，全方位地释放海的潜力，是当今世界各个海洋大国必须解决的问题。

世界各国普遍认为海洋经济由海洋产业经济与一切跟海洋相关的跨产业的经济活动组成（图2-1）[2]。一方面，它包括了跟海洋有直接关系的经济活动，如海洋牧场、滨海旅游、海洋航运、海洋生物制药等；另一方面，它包括了跟海洋产业有间接关系的一些相关衍生产业，如与滨海旅游相关的交通运输业、与海洋科学有关的基础技术及产品研发、海洋监测设备中零部件的生产等，这些经济活动对海洋经济的发展起着重要的支撑作用，并且不一定发生在沿海地区，也可以发生在内陆地区或内陆国家。海洋经济没有一个统一界定范围，但应该包括一切以海洋为基础的产业经济活动，以及与海洋相关的所有产品、资源、服务等。如何实现对海洋经济产业的科学计划与管理，是各国海洋经济研究的重点[3]。

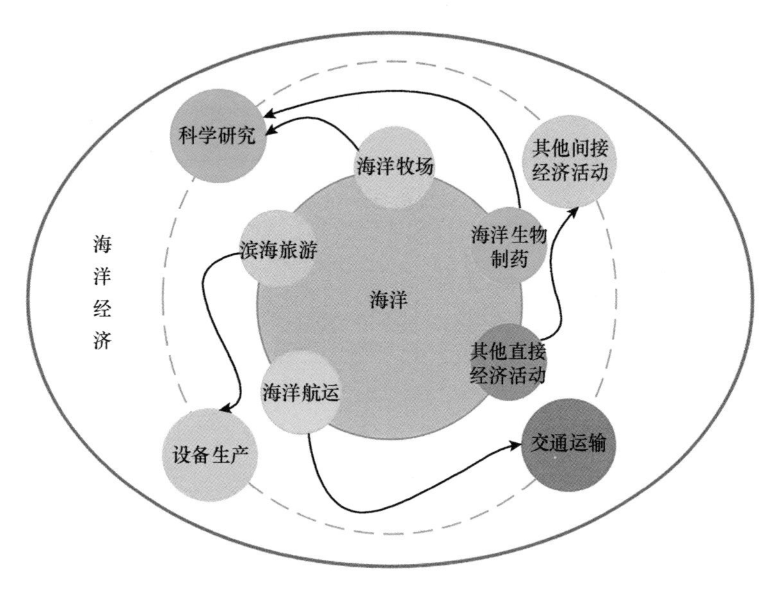

图2-1　海洋经济的基本内容及其之间的相互关系

（二）国外海洋经济的发展经验

1. 美国

美国是世界范围内的海洋军事强国，有着极其强烈的海洋战略意识。为防止自身的国际地位受到威胁，美国非常重视海洋发展政策及战略的制定和实施，如1966年的《海洋资源与工程开发法》、1999年的《国家海洋经济计划》（*NOEP*）、2000年的《海洋法令》、2004年的《21世纪海洋蓝图》及《美国海洋行动计划》等。

得益于高科技水平与强大的技术力量，美国的海洋经济发展取得了不错的成果。远洋捕捞、海洋牧场养殖、海产品加工等技术的发展，促使美国从传统的海洋渔业向现代海洋渔业发展。电子信息技术、船舶工业技术、海洋生物医药技术、新能源技术等的发展，大大提高了海洋资源监管、开发和保护的现代化水平，提升了海洋资源的开发利用效率，促进了美国海洋经济的快速发展。

随着经济的发展和人们消费水平的提高，海洋独特的资源、优美的环境和新奇的娱乐方式，吸引了越来越多的人从内陆旅游转向滨海旅游甚至深远海休闲娱乐，并拉动了沿海地区的交通、餐饮、服务行业的发展，成为新的经济增长点。据统计，美国旅游业每年的总产值超过7000亿美元，其中滨海地区的旅游占85%以上，沿海地区每年接待旅客接近2亿人。

2. 英国

英国在第二次世界大战之前就已经是世界性的海洋强国，其海外殖民地遍布世界各地。英国得天独厚的岛国地理环境、丰富的海洋资源、强大的海洋军事力量，促使其海洋产业与经济得到了充分的发展。自18世纪以来，英国的造船业与海运业一直处于世界领先水平。20世纪中期以后，北海油气田的开发促进了其电子信息、机械制造、造船等行业的发展，海洋油气开发成为英国最大的海洋产业。另外，海洋设备制造、滨海旅游、海洋材料等行业的崛起，不仅促进了整个海洋经济的全面发展，还提供了数百万个涉海就业岗位。

3. 法国

法国是欧洲的海洋大国之一，尤其是以潜水技术为代表的海洋开发技术在世界处于领先地位。依靠先进的海洋勘探技术，法国通过双边或多边合作，开发与管理别国海域范围的油气资源。法国（除首都巴黎外）大部分的农业、工业、旅游业等分布在沿海地区，其海洋运输业也非常发达。据统计，法国的海洋运输承担了其60%以上的进出口贸易。另外，法国拥有悠久的海洋养殖历史。早在700多年前，法国人就开始了贻贝养殖。

滨海旅游是法国海洋产业的支柱产业之一，且发展迅速，旅游经济增长率为海洋渔业的10倍[4]。康麦克斯（Comex S.A.）公司（即法国海事技术公司，Compagnie Maritime d’Expertises S.A.）已成为世界上研制并实验深潜器的最大工业公司，该公司的潜水作业量占世界深潜作业量的30%～35%。优越的地理环境、先进的海洋技术、有效的管理措施，为法国的海洋经济高速发展创造了条件。

4. 日本

日本是由4个大岛和6800多个小岛组成的群岛国家，拥有3万多千米的海岸线、400多万平方千米的专属经济区[5]。相对于贫乏的陆地资源，其海洋资源却十分丰富。正因如此，日本历届政府都十分重视海洋经济的发展，甚至其整个经济社会的发展都高度依赖海洋。向海外扩张实现海洋大国梦，一直是日本当政者努力实现的目标。尤其是自20世纪中叶以来，开发海洋资源、发展海洋经济成为日本经济发展的重心，已经实现了由传统工业向以海洋资源开发利用、海洋交通运输、海洋生物食品加工及制药、海洋工程等为代表的新兴海洋产业转移。日本的国家政策和发展目标均向海洋倾斜，海洋经济发展呈现多层次、全方位的趋势。前期以海洋捕捞、海洋养殖、海洋运输为主，逐步带动船舶制造、海洋新能源、海水淡化、滨海休闲娱乐等相关行业的全面发展。

（三）我国海洋经济的发展形势

近年来，随着国家对海洋经济发展的重视，我国海洋经济保持持续快速增长的良好势头，海洋经济已成为我国经济发展的重要支柱之一。释放海的潜力，向海洋要经济，保持海洋经济中高速增长，对于维护社会稳定有着非常重要的作用。“十二五”以来，全世界经济发展进入低迷或停滞期，而我国经济仍然保持平稳增长的态势，海洋经济的快速增长在其中做出了很大贡献。我国海洋生产总值近年来的增速一直高于同期国民经济增长速度，海洋生产总值占GDP比例始终保持在9.3%以上。

目前，我国海洋经济已形成集聚发展格局，海洋科技创新能力逐步提高，海洋相关就业持稳定增长趋势，海洋经济发展整体平稳。以青岛、广州等为中心的海洋生物制药产业圈，以青岛、大连为主的海洋牧场养殖集聚区，以江苏、广东为代表的海洋设备装备产业区，推动了海洋产业经济集聚效果的形成。海洋产业技术创新取得跨越式发展，“蛟龙号”载人深潜器成功突破7000米，中国首座自主设计建造的最大作业水深达3000米的第6代半潜式钻井平台试验成功，海水淡化设备国产化率由40%上升到目前的85%，一批海洋生物制品实现了规模化生产。与2011年相比，2018年涉海就业净增1516.4万人，增幅达71.95%。涉海就业人数占全国年末劳动就业人数的比例逐年提高，从2005年的3.73%增至2018年的4.67%。沿海地区中，天津市、海南省、上海市、福建省的涉海就业人员占地区就业人员比例均达到20%以上。

海洋经济领域的国际合作有力地促进了海上丝绸之路建设[6]。目前，中国在海上丝绸之路沿线30多个国家有涉海投资项目，投资涉及的主要海洋产业为渔业及水产品加工、航运及船舶制造、海洋工程及油气勘探开发与服务业等。截至2015年，中国已批准在“一带一路”沿线设立超过50个国家级境外经贸合作区，入区的中国企业达4000多个，入区企业投资额达200多亿美元，累计产生600多亿美元的产值。

第二节　陆海资源的开发利用与生态保护难题

海洋蕴藏着丰富的矿产、油气、生物等资源，是一个巨大的资源宝库，其资源远远超出陆地资源的总量。我国的海洋油气资源丰富，根据第三次石油资源评测结果，我国海洋资源蕴藏量超过4亿千瓦。其中，目前我国的海洋石油约有246亿吨，占我国石油资源总量的23%左右；海洋天然气资源约有16万亿立方米，占天然气资源总量的1/3左右。

海洋资源的开发利用对于国家的经济发展有十分重要的作用，但也带来了一些严重的问题，如粗放的开发模式造成海洋资源浪费、生态环境破坏及污染等问题。

因此，在既要“金山银山”，又要“绿水青山”的背景下，如何实现陆海资源与环境的统一监管，保持资源开发利用与生态环境保护之间的平衡，避免资源浪费及环境污染，构建更加绿色环保和科学合理的开发模式，是陆海资源开发利用与生态保护的关键问题。

由于海洋资源丰富，以及多地政府对高经济增长速度的盲目追求，近年来，我国沿海地区对陆海资源大多是重开发、轻保护，导致了对自然资源的极大浪费和对生态环境的巨大破坏。一些重污染企业甚至将污水直接排放进海洋，因为他们认为海洋容量巨大、自我恢复能力强，正是这种片面的认知造成了陆海生态环境的持续恶化。另外，我国在海洋环境立法方面存在明显的滞后性，现有的法律法规不够具体，缺乏可操作性，甚至在某些环节还存在立法空白。在陆海资源开发、环境管理及执法上，也存在部门间权责不清、职能交叉、管理空间范围重叠等问题，从而使海洋环境的保护与治理效果大打折扣。

陆域、海域没有得到综合信息（生态、环境、资源、海洋经济）立体监管，传统的单一空间监测导致多个规划冲突、项目重复审批、项目区域重叠和产业经济监管困难等严重问题；海域使用权证书统一配号机制很难解决不动产登记海洋行业各部门、各行业之间的数据标准和衔接问题，造成很多的信息孤岛。另外，广西作为“一带一路”陆、海、边相邻的有机衔接重要门户，其北部湾经济区和沿海开放形成的珠三角、长三角和环渤海三大经济圈，共同构成了中国经济发展的两个金三角和两个黄金海岸，生产总值占全国的比例超过60%，沿海经济成为继京津冀、长江经济带和珠江-西江经济带之后新的增长极，广西这种独特的陆海边相邻、面向东盟的区位优势，对于发展沿海经济带有着极其重要的作用。

因此，要坚持陆海统筹、多规合一管理，依据海洋资源环境承载力确定不同海域主体功能，加强海洋空间规划，积极发展海洋战略性新兴产业[7]。在此基础上，严格生态环境评价，提高海洋资源集约节约化水平，最大程度减少对海域生态环境的影响。开展海洋资源和生态环境综合评估，实施严格的自然岸线控制制度、海洋确权登记制度。严守海洋生态红线，是高质量发展的应有之义，也是实现永续发展的根本支撑。

第三节　陆海一体化空间发展

我国既是陆地大国，也是海洋大国，拥有广泛的海洋战略利益。海洋是我国实现可持续发展的重要空间和资源保障，是高质量发展的战略要地。党的十九大作出了坚持陆海统筹，加快建设海洋强国的重大战略部署。陆海统筹可以理解为将陆海空间各社会经济活动作为相互依赖与作用的整体来考虑，充分认知、科学利用和有效调控陆海之间的物质、能量、信息流联系，推动陆域与海域空间规划协调，制定相关政策指引，以实现陆海资源环境可持续利用和社会经济健康协调发展。陆海统筹的内涵体现在区域发展指导思想为陆海一体化，资源配置和环境治理陆海一体化，基础设施建设陆海一体化，产业发展与布局陆海一体化，空间规划与管理陆海一体化等方面。2011年，陆海统筹理念纳入“十二五”规划纲要；2017年，国务院颁布的《全国国土规划纲要（2016—2030年）》，将“海洋开发保护水平显著提高，建设海洋强国目标基本实现”列入我国国土规划的总体目标范畴[8]。

广西北部湾经济区作为中国-东盟博览会、中国-东盟商务与投资峰会、环北部湾经济合作论坛等国际性区域平台的永久举办地，是我国经略南海的重要的陆海一体化综合体。广西积极开展与泛珠三角、长三角、西南和港澳台地区的合作，已初步形成以东盟为重点的沿海、沿边、内陆全方位开放合作格局，客观上也需要一个生态承载和产业发展陆海一体化空间综合体。

中国-马来西亚钦州产业园区是中国政府与外国政府合作共建的第三个国际园区，也是一个典型的陆海一体化空间综合体。它既包括了纯陆域，也包括了海陆交替潮间带和纯海域。本项目在实施过程中发现了以下问题：①海域与陆域土地重叠问题。园区首期10.30平方千米范围内共有海域1.90平方千米，与全国第一、二次土地变更调查划定的陆域土地存在重叠。该重叠区域中，有1.16平方千米土地已纳入集体土地登记发证范围并向钦州港经济技术开发区犀牛脚镇丹寮村民委员会颁发了集体土地证。同时，以上颁发集体土地证的用地中，有1.13平方千米土地已纳入《钦州市土地利用总体规划（2006—2020年）》确定的规划预留建设用地范围。经实地核实，重叠区域的利用现状以养殖虾塘为主（坑塘水面），为当地村民围造的水塘，约占重叠区域总面积的80%，同时分布有土丘林地、少量耕地等。②海域与陆域重叠区域项目存在重复审批问题。该部分重叠的区域中，已有约15.14公顷用地按土地审批流程办理农用地转用和土地征收手续，并已完成土地征收，即将进入供地手续的办理。但是，海洋行政主管部门提出，涉及的海域需办理用海手续，将造成同一地块重复审批和缴费的状况。

因此，为避免陆海用地规划重叠、用地审批重复等多种问题，实现资源的最优配置和集约开发利用，更好地发挥广西独特的陆海相邻优势，加强对陆海空间的一体化监管显得尤为重要。

第四节　各类综合体的概念

生态综合体——由自然生态系统、人类系统、社会系统、居住系统和支撑系统五大要素，通过系统的组合构筑在一个特定区域形成的人居环境体系。在这个体系中，突出强调了自然生态与人类生活的和谐统一。简言之，就是一个城市拥有同一个基础、同一个屋顶，分不同的层次完成不同的功能，城市既室内化，又园林化。

城市综合体——以建筑群为基础，融合商业零售、商务办公、酒店餐饮、公寓住宅、综合娱乐五大核心功能于一体的“城中之城”（功能聚合、土地集约的城市经济聚集体）[9]。

旅游综合体——来自于我们所熟悉的“城市综合体”，但是两者有着明显区别。“旅游综合体”有时也称为“休闲综合体”或“度假综合体”，是指基于一定的旅游资源与土地基础，以旅游休闲为导向进行土地综合开发而形成的，以互动发展的度假酒店集群、综合休闲项目、休闲地产社区为核心功能构架的整体服务品质较高的旅游休闲聚集区[10]。作为聚集旅游功能的特定空间，旅游综合体是一个泛旅游产业聚集区，也是一个旅游经济系统，并有可能成为一个旅游休闲目的地。

田园综合体——2017年中央“一号文件”首次提出了“田园综合体”这一新概念，“支持有条件的乡村建设以农民合作社为主要载体、让农民充分参与和受益，集循环农业、创意农业、农事体验于一体的田园综合体，通过农业综合开发、农村综合改革转移支付等渠道开展试点示范”。这是一种新模式，是培育和转换农业农村发展新动能，推动现有农庄、农场、合作社、农业特色小镇、农业产业园，以及农旅产业、乡村地产等转型升级的新路径。

产业综合体——指在某个特定区位上，一组相互之间存在技术、生产和分配等多方面联系的经济活动，这组经济活动能够共享外部规模经济，提高整体活动的经济效率。

区域产业综合体——由一个或若干个枢纽区组成的产业集聚区，在集聚区内部，以经营类企业为核心，各产业依照它们之间的关联程度，依次呈圈层分布，原材料、副产品、废品能够在一个区域内进行循环处理，达到资源的最有效利用。区域产业综合体是一个有生命力的开放的动态系统，也体现了现代产业综合体的动态开放性。

区域产业综合体的布局：枢纽区是产业综合体的结构组成部分。每个枢纽区内布局有合理的产业体系。一个区域产业综合体的枢纽区可能是一个，也可能是几个。如果只有一个枢纽区，这个枢纽区的范围与整个区域产业综合体重叠；若有几个枢纽区，则这几个枢纽区共同构成这个区域产业综合体。这些枢纽区共同参与具有区际分工意义的专门化生产，共同使用生产和非生产基础设施，相互之间产生紧密的联系，同时，各个枢纽区在生产经营上又是相对独立的，在产业链中分担不同的角色。

枢纽区内部的布局主要取决于各个相关企业与专业化企业之间关系的密切程度。各企业围绕着枢纽核心，分层向外扩散，各个枢纽区内部组成为：核心区是枢纽区的主导专门化企业所布局的区域，依据枢纽区的功能不同，通常为大型企业、事业单位或提供某种服务的服务中心，统称为核心企业；第一圈层安排与枢纽核心有紧密联系的各类企业，包括与核心企业在生产上发生供求衔接的、在利用其产品基础上与其发生密切经济联系的各企业，特别是处于同一生产链条上的上下游企业；第二圈层由为核心企业和补充性企业提供相关服务或补充性服务的企业组成；第三圈层由专门为各圈层企业职工及家属服务的工业及服务业组成，包括食品、公共福利事业、生活设施等，这些企业和服务业的布局一般都是消费地指向，它取决于整个枢纽区居民的分布状况；第四圈层由直接为枢纽区服务的农业单位组成；第五圈层主要由交通运输、邮电业等组成；第六圈层包括为枢纽区居民服务的文化、教育、医疗卫生部门，为居民处理生活垃圾及三废的部门，以及为该地区服务的政府相关部门。

经济地域综合体——指一定区域范围内的各经济部门相互依存、相互制约，按一定的比例协调发展形成的有机体。它是以城市为核心，以农业为基础，以工业为主导，以交通运输及商品流通为脉络的不同层次的各具特色的地域经济单元。它是区域经济地理学的研究对象。经济地域综合体的概念是由“生产综合体”逐步演化而来的。

经济地域综合体的空间结构一般是根据专业化部门与综合发展部门的关系，以专业化部门的企业布局为中心，结合区域的资源分布、人口分布、城镇分布等情况，合理布局综合发展部门而形成的。所以，主要采用企业成组布局的方式，即把相关企业按内在联系集中布局在同一地区。

胡焕庸线——1935年，胡焕庸从黑龙江瑷珲（即爱辉，今黑河）向西南至云南腾冲画出一条45°人口分布悬殊的界线[11]。对2000年资料的统计分析表明，东南侧以占全国43.18%的国土面积，集聚了全国93.77%的人口和95.70%的GDP，压倒性地显示出高密度的经济、社会功能。胡焕庸线西北侧地广人稀，受生态胁迫，其发展经济、集聚人口的功能较弱，总体以恢复和保护生态为主体功能。

世界沿海经济带——全球80%左右的大城市、工业资本和人口集中在距海岸200千米以内的地带，沿海经济带已成为牵引世界经济增长的“火车头”[12]。美国大西洋经济带和沿太平洋经济带的开发，是当今世界沿海区域发展战略的成功典范。其中大西洋经济带城市化水平高达90%，制造业产值占全国的30%。“双岸”经济带与以纽约、洛杉矶、芝加哥为代表的三大都市经济圈互动，使美国成为全球第一经济强国。

中国沿海经济带——沿海开放形成珠三角、长三角和环渤海三大经济圈及新兴的北部湾经济区。这是中国经济发展的两个金三角和两个黄金海岸，生产总值占全国的比例超过60%。沿海经济是指在社会劳动地域分工的基础上，随着外向型经济发展而逐步形成的依托海洋资源以及陆域优势特色的以产业密切联系为基础的陆域与海域经济综合体的经济活动和经济关系的总称。

中国沿海经济带是指依托沿海地带的区位和资源等独特优势，通过统筹规划、整合资源来加快内陆地区与沿海区域经济良性互动发展，具有经济辐射作用的沿海经济区域。

本章参考文献

[1] 王遥驰, 小草. “耕海牧渔”打造“海上粮仓”[J]. 走向世界, 2016, (40):24-25.

[2] 朱凌, 林香红. 世界主要沿海国家海洋经济内涵和构成比较[J]. 海洋经济, 2011, (2):61-67.

[3] 昌军, 王广凤. 海洋经济价值内涵及其评价的框架结构[J]. 华北理工大学学报(社会科学版), 2005, 5(2):85-87.

[4] 何广顺, 周秋麟. 蓝色经济的定义和内涵[J]. 海洋经济, 2013, (4):13-22.

[5] 石洪华, 郑伟, 丁德文, 等. 关于海洋经济若干问题的探讨[J]. 海洋开发与管理, 2007, (1):82-87.

[6] 郑苗壮, 刘岩, 李明杰, 等. 我国海洋资源开发利用现状及趋势[J]. 海洋开发与管理, 2013, (12):17-20.

[7] 王江涛. 我国海洋空间规划的“多规合一”对策[J]. 城市规划,2018, (4):26-29.

[8] 文超祥, 刘健枭. 基于陆海统筹的海岸带空间规划研究综述与展望[J]. 规划师, 2019, 35(7):7-13.

[9] 王磊. 城市综合体的功能定位与组织研究[D]. 上海: 上海交通大学硕士学位论文, 2010.

[10] 郑啸坤. 现代综合体建筑智能化安防解决方案研究[D]. 杭州: 浙江工业大学硕士学位论文, 2015.

[11] 郭华东, 王心源, 吴炳方, 等. 基于空间信息认知人口密度分界线——“胡焕庸线”[J]. 中国科学院院刊, 2016, (12):107-116.

[12] 任雪颖, 赵慧娥, 陈鹏. 国外沿海经济带的产业布局及其启示——以辽宁省沿海经济带为例[J]. 世界农业, 2012, (5):73-75.

第三章 陆海综合体——最复杂的海岸带陆海交替综合体

陆海综合体是在陆海统筹思路和生态综合体基础上提出并发展的。“陆海统筹”从陆海兼备的国情出发，在进一步优化提升陆域国土开发的基础上，以提升海洋在国家发展全局中的战略地位为前提，以充分发挥海洋在资源环境保障、经济发展和国家安全维护中的作用为着力点，通过陆海资源，特别是海岸带特殊区域的资源空间开发、产业布局、交通通道建设、生态环境保护、信息监管等领域的统筹协调，促进陆海两大系统的优势互补、良性互动和协调发展，增强国家对海洋的管控与利用能力，建设海洋强国，构建大陆文明与海洋文明相容并济的可持续发展格局。此外，与陆海综合体相关的还有上一章提到的生态综合体、城市综合体、田园综合体、旅游综合体、产业综合体和经济地域综合体等。本书认为，这些综合体本质上是在一定的范围内，将三项以上组成要素进行空间和时间上的组合，并在各部分间建立一种相互依存、相互助益的能动有序流关系，从而形成一个多功能、高效率的人地和谐统一体。

第一节 陆海综合体的基本概念

本书的陆海综合体，包括陆域、陆海交替潮间带、航道、岸线、码头以及海域海岛的一个行政单元、自然单元、权属单元或这些单元组合成的异常复杂关键区域，是一个资源丰富、产业布局聚集、人类活动频繁、信息庞人的复杂综合体，相当于城市综合体中的“城中城”，海岸带中的“带中带”[1]。图3-1～图3-5为广西北部湾典型的陆海综合体，一般由海岛、海岸线、码头、公路、村庄、滩涂、海洋牧场、养殖池塘、红树林等组成。

图3-1 典型的陆海综合体——海岛、村庄、养殖池塘、红树林

图3-2 典型的陆海综合体——海岛、树林、滩涂

图3-3　典型的陆海综合体——滩涂、公路、码头、工业园、养殖池塘

图3-4　典型的陆海综合体——滩涂、公路、居民区

图3-5　典型的陆海综合体——海岛、滩涂、围填海项目、海洋牧场

陆海综合体可以按照层次划定为包括自然、生态、产业、生活和信息五大要素的体系结构，如图3-6所示。图3-7描述了陆海综合体结构与地理学科研究方法的关系。

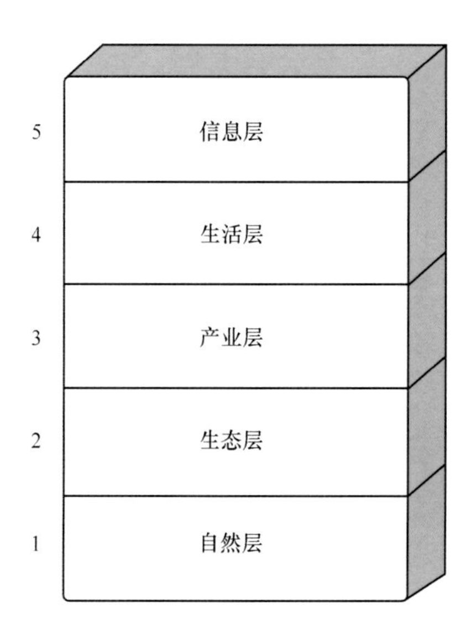

图3-6　陆海综合体结构

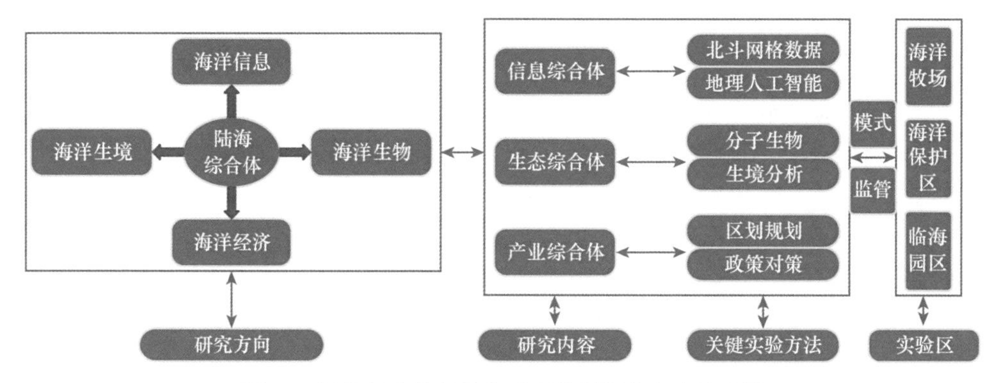

图3-7　陆海综合体结构与地理学科研究方法关系图

综上所述，陆海综合体是包括陆域、陆海交替潮间带、航道、岸线、码头，以及海域海岛的一个行政单元、自然单元、权属单元或这些单元组成的异常复杂关键区域，是一个资源丰富、人类活动频繁、信息庞大的复杂综合体。为了实现对陆海综合体的数字化描述，综合利用“空天地海”一体化监测、大数据处理与分析、物联网技术等各种方法，对陆海综合体进行立体监测、数据转换与数据存储，建立相应的数字模型，形成一套对应的陆海信息综合体，以便用于政府管理及各种行业的数据统计分析、辅助决策等领域。对陆海综合体的监测，主要有以下几大类：①面向有权属的宗海、宗地的监测；②面向辖区的跨境监测；③根据指定对象的自适应监测。

中国-马来西亚钦州产业园区陆海综合体是中国政府与外国政府合作共建的第三个国际园区，也是一个典型的陆海综合体。它既包括了陆域，也包括了海陆交替潮间带和海域。图3-8是典型的广西北部湾陆海综合体。

图3-8　广西北部湾陆海综合体

为了方便陆海综合体的信息表达，本书提出了陆海信息综合体的概念。陆海信息综合体是基于全球地理网格剖分和统一的权属证书配号系统，经过各种综合手段的陆海立体监测，并能通过大数据技术进行离散和重新聚合的一种针对陆海综合信息的数字化表达。在一个相关的陆海区域中，把区域内的海洋资源、陆地资源、经济基础设施和社会文化科技等生产资源以生产组合形式有机综合起来，通过区域内具有增长极功能的港口城市体系的聚散效应，构成该区域内海洋经济的产业结构和空间结构，最终形成陆海经济地域综合体。

陆海经济地域综合体构成了世界沿海经济带——全球80%左右的大城市、工业资本和人口集中在距海岸200千米以内的地带，沿海经济带已成为牵引世界经济增长的“火车头”[2]。美国大西洋经济带和沿太平洋经济带的开发，是当今世界沿海区域发展战略的成功典范。其中大西洋经济带城市化水平高达90%，制造业产值占全国的30%。“双岸”经济带与以纽约、洛杉矶、芝加哥为代表的三大都市经济圈互动，使美国成为全球第一经济强国[3]。

陆海经济地域综合体也构成了中国沿海经济带——沿海开放形成珠三角、长三角和环渤海三大经济圈及新兴的北部湾经济区。这是中国经济发展的两个金三角和两个黄金海岸，生产总值占全国的比例超过60%[4]。沿海经济又称临海经济，是指在社会劳动地域分工的基础上，随着外向型经济发展而逐步形成的依托海洋资源以及陆域优势特色和以产业密切联系为基础的陆域与海域经济综合体的经济活动和经济关系的总称[5]。中国沿海经济带是指依托沿海地带的区位和资源等独特优势，通过统筹规划、整合资源来加快内陆地区与沿海区域经济良性互动发展，形成具有经济辐射作用的沿海经济区域。

第二节　陆海综合体的空间属性特征

陆海综合体作为海岸带的特殊关键带，是其中的一个个支点，若干个支点有机组合，由点到线再到面、体形成海岸带。海岸带经济作为世界临海国家经济发展的新引擎已经逐步得到了广泛的认可，并进入了各个临海国家的经济发展战略。海岸带在覆盖空间上包括沿海陆域、海岸线、海域海岛。陆域、海域作为陆海综合体的特殊形式，也是陆海统筹思路下的产物。陆海综合体经济是陆域经济和海洋经济重合的部分以及部分沿海经济的重要组成部分。陆海综合体经济是以陆地资源与海洋资源的有效结合为依托，其承载的产业具有海岸带的原发性产业特征，海岸带经济以沿海港口城市为空间载体。

（一）陆海综合体——陆海经济协同发展的空间载体

21世纪是海洋的世纪，以海洋经济为代表的蓝色经济将主宰全球经济的发展。正如孙中山所言“自世界大势变迁，国力之盛衰强弱，常在海而不在陆；其海上权力优胜者，其国力常占优胜”[6]。从某种意义上说，“一个国家是强盛还是衰败，取决于它能否支配海洋”。纵观世界经济发展史，几乎所有的世界强国，包括最初的“位于欧洲大西洋南海岸和靠近地中海出口而获得明显的战略利益”的葡萄牙，随后崛起的海洋贸易强国西班牙、荷兰、英国、日本以及世界经济的中心美国，所有这些国家几乎无一不是充分利用海洋资源，在以海立国的基础上实现了以海强国的成功案例[7]。正如河流是重要的国家财富一样，海洋是世界上最有价值的财产之一[8]。随着开发陆地资源日益濒临衰竭，海洋作为临海国家经济发展战略空间的价值日益凸显，几乎所有临海国家都推出了相关计划，明确提出了发展海洋经济的战略举措。

（二）陆海综合体——陆海自然生态协同的空间载体

前已述及，陆海综合体被定义为海岸带的关键部分，包括临海水域和邻近的岸边土地，以及受人为影响强烈并且靠近沿海的海岸线、岛屿、潮水区、盐碱地和海滩，这个区域从海岸线延展到能够控制岸边的陆地、生活设施、城乡社区、经济产业活动和信息监管设施等。

陆海综合体参照墨西哥海岸带定义，设定为三个区域的综合：①陆地区域，这个区域被沿海市和靠近沿海市的内陆市覆盖。②海洋区域，淹没在水下的区域，往下到200米等深线处。③所有海岸线地貌、码头、岛屿、生活社区、生态保护区的组合。《海岸带应对气候变化的政策框架——以墨西哥湾为例》一文中，将海岸带定义为“陆地和海洋的交界处，具体包括江河海的河口、河口湾、海湾、盐沼泽、高潮线与低潮线之间的岩石、防护岛屿以及实心的陆地形式”[9]。

在我国，陆海综合体有行政区划和权属的意义。根据我国对沿海空间资源的监管要求，其同时具有信息综合体属性。“凡是在行政区划上拥有海岸线或河口岸线的县市均划入海岸带地区范围。海岸带是一个辐射的概念，又是一个扩散的概念，即靠得最近的是一个最基本的单元，遥远的应扩展到省（自治区、直辖市）甚至周边国家。另外，海岸线的主要根据地是海港，岸外的根据地是海岛，岛以外能扩散到领海，领海以外是经济管辖区，再外是开放大洋”[10]（图3-9）。

图3-9 钦州市龙门蚝田陆海综合体利用现状图

包含了海岸线、红树林、养殖地塘、蚝排、海水、海岛等

从以上的分析我们可以看出，对于海岸带目前国内外尚没有统一定义，陆海综合体更是一个全新概念，但有一点非常明确，那就是位于陆地和海洋的交界处，有码头、岸线、河口、河口湾、海湾、虾塘、红树林、高潮线与低潮线之间的岩石、防护岛屿以及实心的陆地形式。

第三节　陆海综合体的范围划定

在海岸带自然利用现状的基础上，陆海综合体按照层次划定为包括自然、生态、产业、生活和信息五大要素的“五层楼”体系结构，它具有陆海经济协调和自然生态协同的空间特征，可以规划设计综合体功能平面图（图3-10）。在空间上可以把产业层、生活层合并为陆海经济综合体，把自然层、生态层合并为自然综合体，属于欧氏空间范畴；信息综合体作为两者的数字化模型和模拟表达，具有超欧氏空间的信息链接属性。这样就把陆海综合体在空间上（横向和纵向上）的范围划定为经济、自然和信息三维度综合体，其中信息综合体具有超欧氏空间、超融合性质。

图3-10　钦州市龙门蚝田陆海综合体总平面布置图

（一）陆海经济综合体范围划定

本书认为，在实际研究中，为了方便获取研究数据和明确责任主体，应该考虑采用行政区域划定标准，即向陆一侧以沿海乡镇的界限或沿海县界为标准，向海一侧则以我国所管辖海域的外界为边界来对海岸带进行界定。

1. 海岸带经济、沿海经济、海洋经济与陆海经济综合体之间的关系

鉴于国内关于海岸带经济的研究相对缺乏，本书借鉴美国海洋经济规划中海岸带经济的相关知识，对海岸带经济、沿海经济、海洋经济概念及其与陆海经济综合体之间的关系进行详细说明。

（1）海岸带经济（coastal zone economy）

海岸带由近岸、靠岸的海岸带区县和不靠岸的海岸带区县三部分组成。美国的国家海洋经济规划（NOEP）中将联邦政府批准的海岸带管理规划区县所发生的经济活动定义为海岸带经济。

（2）沿海经济（coast economy）

经济调查中所界定的一个市的海岸带所发生的经济活动的总和。

（3）海洋经济（marine economy）

这个概念来自直接或者间接地将海洋作为经济活动的投入品的经济活动。这个定义部分是根据产业的定义（如深海货物运输），部分是根据地理区位（如临海小镇的旅店）来进行界定的。

（4）陆海经济综合体

海岸带经济中关键组成部分，主要是由人类规划布局和建设的产业综合体与生活综合体中所发生的经济活动的总和，是沿海经济的重要组成部分。

一个经济活动包括在海洋经济范围内，有两种可能。第一种可能是该经济活动包括在某个产业中，而且该产业明确与海洋有关。第二种可能是该经济活动包括在某个产业中，该产业部分地与海洋有关，并且该产业布局位于靠岸的行政区内。

2. 沿海经济、海岸带经济、海洋经济与陆海经济综合体的空间划定

1）覆盖的地理空间。沿海经济、海岸带经济与海洋经济三者并不是同一个概念。内陆经济是经济活动全部在内陆进行。广义的沿海经济由内陆经济、海岸带经济和海域经济三部分构成。我们通常所理解的狭义的沿海经济不包括内陆经济。海岸带经济则是由近海经济和近岸经济这两部分构成的。而海洋经济则由海岸带经济和深远海经济构成。沿海经济、海岸带经济与海洋经济三者重叠部分体现了海岸带这个特殊的空间载体的重要作用。

陆海经济综合体按照尺度的不同，可以划分为微观、中观和宏观三个层次，对应海岸带经济、沿海经济和海洋经济中关键部分，形成三个尺度的陆海经济综合体，可以是一个权属单位、一个区县和一个省级单位，或者其组合形成的特定区域性综合体。

以浙江舟山群岛新区陆海经济综合体为例——构建陆海经济综合体，实质上就是构建发展海洋养殖、海水淡化、海洋旅游等不同产业的承载平台，使之贯穿形成

整条产业链，并引入世界500强及其他国际资本等高端创新要素，共同探索一种符合国情省情的发展海洋经济的示范性模式。这个以推动浙江海洋经济发展、加快浙江舟山群岛新区建设为主题的海洋经济综合体，将以先进科学技术为支撑，提升改造传统海洋产业，培育建设海洋特色产业，做强做大海岛旅游产业，推动地区产业转型升级，推进海洋、海岛资源的综合开发利用。在建设内容上，以建设海洋经济示范区为目标，搭建涵盖一、二、三产的全产业链形态，走高端技术、高端产品、高端服务路线。在产业培育方面，立足现有海洋产业基础，引进世界500强企业和国外先进技术，打造先进海洋装备制造业，并创造性地提出“东方死海”概念，力争打造出一个集生产、观光、度假、休闲等功能于一体的现代化世界级陆海经济综合体。

例如，构建泛北部湾陆海经济综合体——由三部分构成，一是中国广西北部湾经济区的主干城市经济群，主要包括北海、防城、钦州、南宁；二是与北部湾相邻的东盟国家，主要包括马来西亚、新加坡、印度尼西亚、越南、菲律宾和文莱6国；三是广西东部（玉林、贵港、梧州等）与北部湾相邻的海南岛西部地区以及南海岛屿海洋资源区。泛北部湾陆海经济综合体的界定为以广西北部湾经济区为中心，以北部湾及南海岛屿海洋资源为依托点，以越南、马来西亚、新加坡、印度尼西亚、菲律宾和文莱等国为经济联动客体，在共同市场范围内，以海洋经济资源的综合利用和海洋科技工业多层次开发的产业群建设为主导，参与世界海洋经济分工体系，服务于“中国-东盟”及世界市场的地域产业群和商业网络。

综上所述，海岸带经济包括在广义的沿海经济中，或者说海岸带经济是沿海经济的一个重要组成部分。海洋经济和沿海经济的区别在于：前者是直接或者间接将海洋作为投入品的经济活动的总和，后者是指发生在沿海地区的经济活动的总和。因此，海洋经济是通过投入关系来界定的，沿海经济则侧重于从地域空间来界定。一些沿海经济属于海洋经济，但是沿海经济包括更加广义的经济活动。

2）依托的自然资源。陆海经济综合体、海岸带经济、沿海经济和海洋经济之间的第二个差异是经济活动发生所依托的自然资源不同。地处不同的地理位置，经济发展过程中拥有的资源禀赋自然大不相同。以海岸带为例，海岸带是包括陆域和海域在内的立体空间。海岸带所特有的空间属性，使其拥有独特的自然资源、气候及生态系统，海岸带自然资源展示出陆地资源和海洋资源相互交叉、融合的特点。以中国海岸带经济为例，中国的海岸带经济依托的就是海岸带的空间资源、沿海港口资源、滩海油气资源、海洋水产资源、海水资源、滨海矿砂资源、滨海旅游资源以及海洋能资源等。相比较来说，沿海经济的发展主要依托陆地资源，海洋经济的发展主要依托海洋资源，陆海经济综合体发展则是将陆地资源和海洋资源进行有效的结合，是海岸带经济中的关键部分。

3）承载的产业类型。依托不同的地理、经济空间，秉承不一样的自然资源，因此海洋经济和沿海经济、海岸带经济所承载的产业类型也并不相同。其中最为明显的是海洋经济和沿海经济所承载的产业类型之间的差异。

4）与沿海经济、海洋经济不同，陆海经济综合体由于具有独特的地理空间、多样的自然资源，其所承载的产业类型呈现独特个性，其中某些产业具有海岸带的原发性产业特征。海岸带的原发性产业是由海岸带原有的不可替代性资源、地理和环境特征而生成的若干产业。就海岸带的资源特征而言，陆海经济综合体处于海洋和陆地的交界，既可以直接获取海洋中的生物、矿物等资源，又可以通过利用陆域的淡水、电力、交通、人力、机械设施等资源对海洋中的有机元素、无机元素等进行提取和加工，可以发展海洋渔业、海水养殖、近海石油开采、海洋生物医药等海洋产业。就海岸带的地理特征而言，以海岸线为基地面向广阔海洋的港口城市为海岸带区域的生活配套提供了最为有利的条件，围绕港口集聚起来的工业制造业形成临港工业。就海岸带的环境特征而言，依托适宜的气候和优越的环境生态，可以开发原生态的滨海旅游产业，并围绕滨海旅游产业向上下游扩展成为宜游、宜居、宜养老、宜休闲的生活综合体，最终形成滨海旅游服务和生活配套产业体系。

（二）陆海自然综合体范围划定

陆海自然综合体主要由地貌和生态两个要素层组成，由一个自然边界单元或由多个自然边界单元组合而成。其中滨海湿地、人工湿地、海岛和生物群落是其重要组成部分。

1. 滨海湿地——典型陆海自然综合体

本书中的陆海自然综合体是陆地生态系统和海洋生态系统的交错过渡地带。按《关于特别是作为水禽栖息地的国际重要湿地公约》（简称《国际湿地公约》）的定义，滨海湿地的下限为海平面以下6米处（习惯上常把下限定在大型海藻的生长区外缘），上限为大潮线之上，包括与内河流域相连的淡水或半咸水湖沼，以及海水上溯未能抵达的入海河的河段。地貌上包括河口、浅海、海滩、盐滩、潮滩、潮沟、泥炭沼泽、沙坝、沙洲、潟湖、海湾、海堤、海岛等，生态上包括红树林、珊瑚礁、海草床等。

（1）主要类型

滨海湿地按照与海岸线的位置关系，可以分为滩涂湿地、浅海湿地和岛屿湿地三大类。

滩涂湿地包括低潮线到高潮线之间的向陆地延伸可达10千米的海岸带湿地，包括潮上带湿地和潮间带湿地[11]。潮上带湿地一般常年积水或季节性积水，水源补给来源主要是大气降水、河水和地下水，是滨海湿地需水的主要关注对象。潮间带在各地宽窄不同，一般宽3～4千米。

浅海湿地主要指浅海湾及海峡低潮时水深在6米以内的水域。浅海湿地海水温度适中、盐度较高、营养物丰富，适于鱼、虾、贝、藻生长繁殖。同时林木多、滩涂广阔，是鸟类的迁徙栖息地。

岛屿湿地主要是环绕海岛的水域。

中国滨海湿地按其组成要素又可细分为浅海水域、潮下水生层、珊瑚礁、岩石性海岸、潮间沙石海滩、潮间淤泥海滩、潮间盐水沼泽、红树林沼泽、海岸性咸水湖、海岸性淡水湖、河口水域、三角洲湿地12种类型。

浅海水域：低潮时水深不超过6米的永久性水域，植被盖度＜30%，包括海湾、海峡。

潮下水生层：海洋低潮线以下，植被盖度≥30%，包括海草层、海洋草地。

珊瑚礁：由珊瑚聚集生长而成的湿地，包括珊瑚岛及有珊瑚生长的海域。

岩石性海岸：底部基质75%以上是岩石，植被盖度＜30%的硬质海岸，包括岩石性沿海岛屿、海岩峭壁。

潮间沙石海滩：植被盖度＜30%，底质以砂、砾石为主。

潮间淤泥海滩：植被盖度＜30%，底质以淤泥为主。

潮间盐水沼泽：植被盖度≥30%的盐沼。

红树林沼泽：以红树植物群落为主的潮间沼泽。

海岸性咸水湖：海岸带范围内的咸水湖泊。

海岸性淡水湖：海岸带范围内的淡水湖泊。

河口水域：从近口段的潮区界（潮差为零）至口外海滨段的淡水舌锋缘之间的永久性水域。

三角洲湿地：河口区由沙岛、沙洲、沙嘴等发育而成的低冲积平原。

（2）主要分布

中国有滨海湿地594.17万公顷，主要分布于沿海的11个省（自治区、直辖市）和港澳台地区。海域沿岸有1500多条大中河流入海，形成浅海滩涂生态系统、河口生态系统、海岸湿地生态系统、红树林生态系统、珊瑚礁生态系统、海岛生态系统六大类。广东、广西、海南3省（自治区）红树林面积占全国的97.7%。

① 潮间盐水沼泽

潮间盐水沼泽是中国最普遍的湿地类型之一，主要分布在长江口以北的滨海地区。

芦苇群落：随着互花米草等草本植物在南方沿海的蔓延，其在长江口以南的沿海湿地（尤其是福建省）的分布也有所扩大。芦苇群落是中国滨海湿地分布最广泛的草本盐沼类型。在盘锦湿地的苇田面积为663.83平方千米，是亚洲最大的苇田、世界第二大苇田。

盐地碱蓬群落：是中国北方滨海湿地的重要群落。双台子河口的盐地碱蓬群落面积曾达20平方千米。互花米草群落是中国沿海20世纪80年代后出现的优势群落，分布在80多个县（市）。

海三棱藨草群落：是江苏、浙江、河北等地潮间带湿地特有的湿地植物群落，主要分布在长江口诸岛屿以及杭州湾南岸滩涂湿地。

短叶茳芏群落：是南方沿海的常见湿地草本植物群落，分布于珠江口两侧，东至深圳，西至台山以及广西的钦州湾和南流河口一带。

② 潮间沙石海滩

植被为沙生植被，包括沙生草本植物、灌木和乔木。沙生草丛包括乔草型和杂草型两类。

乔草型草丛：以乔本科和莎草科的多年生草本为建群种。从辽宁到浙江出现较多的乔草型草丛有沙钻薹草群落、矮生薹草群落、白茅群落等。在福建、广东沿海沙滩上，常见盐地鼠尾粟群落等。

杂草型草丛：有砂引草群落，分布于辽宁至江苏的海边沙滩上，多呈单种群落，是沙滩裸地上的先锋群落。在福建沿海常见月见草群落。乔草型草丛和杂草型草丛有时也会镶嵌生长。

除了草丛外，适应沙生环境的还有蔓荆、仙人掌等灌木和多肉类植物，以及木麻黄、湿地松、厚荚相思等乔木，多分布在福建、广东、广西及海南岛的砂质海滩上。

③ 潮间带有林湿地

潮间带有林湿地主要为红树林沼泽。红树林自然分布为从海南南端、广西至福建，以广东和海南为盛。

在热带滨海湿地上，除了红树林外还有热带雨林。在海南万宁神州半岛有9.5平方千米的单优青皮林，树龄达4000～16 000年。

温带地区也有人工建设的潮间带有林湿地，较为典型的是长江口南北支分叉处的边滩湿地，即崇明岛-西沙湿地。

④ 基岩质海岸湿地

基岩质海岸长度约5000千米，约占大陆海岸线总长的30%。除了大陆海岸线外，海岛是基岩质海岸湿地集中分布的地方。在杭州湾以北，基岩质海岸湿地集中在辽东半岛和山东半岛；在杭州湾以南，基岩质海岸湿地很普遍。

基岩质海岸的植被分布取决于气候条件、岩石上土壤发育情况。基岩质海岸通常是大陆山丘向海延伸，逼近海洋的余脉，因此通常山上的植被直接受到海洋的影响。植被包括落叶针叶林、常绿针叶林、落叶阔叶林、常绿阔叶林、季雨林、雨林等。

⑤ 珊瑚礁

珊瑚礁主要分布在北回归线以南的北部湾海岛、雷州半岛和海南岛的周边海域，台湾岛南端以及南海诸岛，以南海诸岛的珊瑚礁为多。台湾海峡、台湾岛东岸与东北部虽位于北回归线以北，但受黑潮的影响，也生长珊瑚并成岸礁。

华南大陆不少岸段零星生长着活珊瑚，丛生的很少，聚成岸礁者仅见于北部湾的涠洲岛和斜阳岛[12]。西沙、南沙群岛的珊瑚礁发育较好，海南岛、台湾岛的珊瑚礁因水温的季节间变化较大，成礁缓慢，称为“高纬度珊瑚礁”。

⑥ 海草床

海草床在广西、海南有一些片状分布。中国热带亚热带自然分布的海草消亡迅速，主要原因是围垦、挖沙虫、拦网、密集养殖等。分布在热带地区的海草有海菖蒲、泰来藻、丝粉藻等；分布在亚热带的只有针叶藻；分布在温带的有大叶藻、丛生大叶藻和红纤维虾海藻等。

2. 人工湿地——人造陆海自然综合体

滨海地区的人工湿地以鱼塘、水库与处于生态恢复或重建的湿地为主。

1）鱼塘（虾塘）是滨海地区最为常见的人工湿地，大部分鱼塘或是建在海堤以内，或是建在海滩边的沙堤后。在南方沿海，尤其是砂质海岸上，普遍筑有虾塘、鱼塘，有的建在沙堤内侧，有的则占据了相当面积的潟湖。

2）在围垦、晒盐过程中也会产生一些人工湿地，以盐生草甸和浅水的咸水湖（池塘）为主。滨海地区的一些废弃盐田和圈围咸水湖也是一类人工湿地，这类湿地具有稳定的水深和较高的盐度，在北方海岸带有较多分布。

3. 海岛——天然陆海自然综合体

中国岛屿海岸线长14 000千米，总面积80 000平方千米以上，面积500平方千米以上的岛屿有6900个[13]。海岛可分为大陆岛、海洋岛和冲积岛。中国93%的海岛属于大陆岛。海洋岛可细分为火山岛和珊瑚岛。

1）火山岛一般面积不大（如澎湖列岛），均分布在台湾省海域，约占全国海岛总数的0.1%。

2）珊瑚岛地势平坦，以珊瑚砂为底质，分布在北纬30°以南的热带和亚热带海域，即海南、广东、台湾3省，并且一半分布在台湾省。珊瑚岛约占全国海岛总数1.6%。

3）冲积岛位于江河入海口，一般地势低平，形成和消亡的过程都较迅速。例如，河北省的蛤坨岛在10年内缩小了近1/3的面积，并分裂成4个岛；上海的崇明岛在逐渐长大。

4. 生物群落——陆海生态综合体

中国滨海湿地的生物种类约有8200种，是生物多样性最丰富的生态系统之一，仅潮间带滩涂面积就有217万公顷，沿海水域是为数众多的水生生物、鸟类和两栖动物的栖息地及一些洄游鱼类的繁殖地。

美国的一份报告指出，滨海湿地生态系统每公顷每年创造的综合价值达4052美元，相当于同等面积热带雨林的2倍或其他森林的13倍、草地的17倍、农田的44倍[14]。

由于人口增长和经济增长，中国大片的滩涂逐年被转变成盐池、水产养殖池、农田、休闲娱乐区和工业区。全国首次湿地资源调查结果显示，中国天然滨海湿地消失了50%以上。而从1990年至2008年，中国围填海总面积增至13 380平方千米，平均每年新增285平方千米。

第四节　陆海综合体的信息化监管意义

前已述及，陆海综合体是由自然、生态、产业、生活和信息5个要素组成的综合体，作为自然综合体和经济综合体的数字化模型与模拟表达，信息综合体具有超欧氏空间的信息链接属性。陆海综合体进行信息化监管的最终目的就是实现对陆海综合体的动态监管、规划评价和监测预警。

2010年以来，由国家海洋信息中心组织研发了海域海岛动态监测系统，开发研制了海域海岛动态监测系统，进行了长期业务化运行，已连接至海域管理部门、海域动态监管中心、海域使用执法机构，专线节点346个、无线节点252个，形成了一条联络国家、省、市、县4级之间海洋部门的信息高速公路，建立了一套用海确权登记的空间资源监管技术体系。

为避免陆海用地规划重叠、用地审批重复等多种问题，实现资源的最优配置和集约开发利用，更好地发挥广西独特的陆海相邻优势，加强对广西陆海综合体的动态监管显得尤为重要。

对陆海综合体进行信息化监管，可以构建陆海信息综合体。通过融合海域动态监视监测管理系统、土地资源配置预警系统和广西海籍核查管理系统的优势，运用钱学森的综合集成理论，实现对近岸海域开发、陆域土地开发以及海陆过渡带开发的实时监视监测，在研发数据库、网络及应用系统的基础上，构建国家、省、市、县4级陆域、海域使用动态监视监测业务体系，形成可长期、稳定、高效运行的陆海网格一体化大数据动态监管系统。通过沿海县的海域监视监测业务，实现国家、省、市、县4级海域动态实时监测及联动工作。在陆域土地规划动态监测方面，以钦州市为试点，开展了土地资源配置预警新模型理论与实践研究，通过建立土地资源规划的配置模型和指标，对土地规划指标异常点进行预警预报，解决土地资源配置问题。

要达到以上目标，必须建立陆海一张图与网格一体化大数据平台，实现对陆海综合体的动态监管。可以结合全球立体空间剖分框架，运用面向对象遥感信息提取技术进行土地利用总体规划动态监测示范应用，辅以土地利用专题图、海洋经济、海域使用现状、海域公共资源、海洋生态环境等海洋相关领域的数据，构建广西陆海网格一体化大数据平台，为陆海统筹管理、决策提供数据依据及技术支撑。

首先，基于ETL（extract-transform-load，抽取-转换-加载）理论使用自主研发的针对广西陆海数据特性的数据抽取工具，建立面向主题的、集成的、稳定的、支持异构数据源的数据仓库，解决具行业特性的陆海复杂数据格式和多类型数据源的融合与检索问题，缩短海量复杂数据与全局决策数据之间的距离。其次，构建面向数据的、主题的、业务的多维数据分析模型，实现各类陆海业务数据从数据向知识的有效转化。再次，基于Hadoop平台进行分析挖掘运算，生成陆海综合业务的数据分析结果。最后，通过数据可视化对分析结果进行展示，形成可直接利用的辅助决策支持信息，为后续开发各种智慧应用的数据集成平台做好准备。ETL开发流程如图3-11所示。

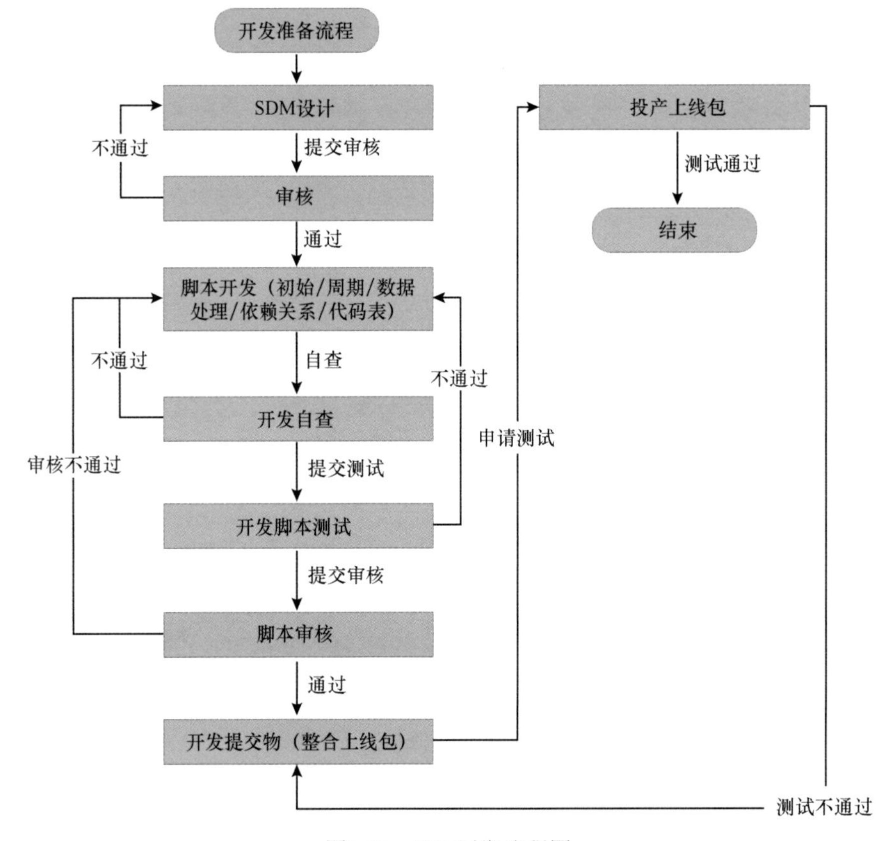

图3-11　ETL开发流程图

SDM. Source data mapping，源数据映射

本章参考文献

[1] 邬满, 文莉莉, 李焰,等. 复杂陆海综合体动态监管关键技术与规模化应用[J]. 中国科技成果, 2018, 19(2):29, 37.
[2] 王磊. 城市综合体的功能定位与组织研究[D]. 上海: 上海交通大学硕士学位论文, 2010.
[3] 冯学钢, 吴文智. 旅游综合体的规划理性与结构艺术[J]. 旅游学刊, 2013, (9):10-12.
[4] 陈李萍. 我国田园综合体发展模式探讨[J]. 农村经济与科技, 2017, 28(021):219-220.
[5] 郭印. 美国“双岸”经济带产业集群发展经验对我国沿海经济带的启示和借鉴[J]. 改革与战略, 2010, (11):180-182.
[6] 董翔宇, 王明友. 主要沿海国家海洋经济发展对中国的启示[J]. 环渤海经济瞭望, 2014, (3):23-27.
[7] 李双建, 于保华, 魏婷. 世界重要海洋国家海洋战略发展及对我国的启示[J]. 海洋开发与管理, 2012(7):1-5.
[8] 赵锐, 赵鹏. 海岸带概念与范围的国际比较及界定研究[J]. 海洋经济, 2014, (1):61-67.
[9] 晏维龙, 袁平红. 海岸带和海岸带经济的厘定及相关概念的辨析[J]. 世界经济与政治论坛, 2011, 1: 82-93.
[10] 刘景卿, 张宇. 基于低碳经济理论视阈下的海洋经济可持续发展分析——以浙江舟山群岛新区为例[J]. 商场现代化, 2012, (19):73-74.
[11] 孙嘉槟. 辽河三角洲滨海湿地保护管理研究[D]. 大连: 大连理工大学硕士学位论文, 2014.
[12] 王丽荣, 赵焕庭. 珊瑚礁生态系的一般特点[J]. 生态学杂志, 2001, (6):41-45.
[13] 高智慧, 高洪娣, 张晓勉, 等. 人工促进植被恢复对基岩质海岸防护林土壤理化特性的影响[J]. 浙江林业科技, 2011, (6):1-6.
[14] 水蓝天. 消逝的候鸟生命线[J]. 绿色中国, 2012, (19):64-66.

第四章　陆海生态综合体

第一节　沿海生态环境现状

根据《2018年中国海洋生态环境状况公报》，2018年我国海洋生态环境状态整体稳中向好[1]。海水环境质量总体有所改善，符合一类海水水质标准的海域面积占管辖海域的96.3%，劣四类水质海域面积为33 270平方千米，较上年同期减少450平方千米；近岸海域优良（一、二类）水质点位比例为74.6%，较上年增加6.7个百分点。污染海域主要分布在辽东湾、渤海湾、莱州湾、江苏沿岸、长江口、杭州湾、浙江沿岸、珠江口等近岸海域。超标要素主要为无机氮和活性磷酸盐。生物多样性保持稳定，海洋浮游生物、底栖生物、海草、红树植物、造礁珊瑚的主要优势类群及自然分布格局未发生明显变化；海洋功能区环境基本满足使用要求，部分区域环境质量稳中趋好。海洋倾倒区环境状况保持稳定，海洋油气区水质和沉积物质量基本符合海洋功能区环境保护要求，未对周边海域生态环境及其他海上活动产生明显影响；重点监测的海水浴场、滨海旅游度假区水质状况总体良好，海水增养殖区环境质量状况稳中趋好，满足沿海生产生活用海需求。陆源入海污染状况有所好转。2018年，我国对全国194个入海河流国控断面实施了监测。全国入海河流水质总体为轻度污染，与上年同期相比有所好转。沿海省（自治区、直辖市）中，上海入海河流断面水质优；福建和海南良好；辽宁、河北、山东、浙江和广西为轻度污染；江苏和广东为中度污染；天津为重度污染。

四大海区中，东海污水排放量最大，渤海污水排放量最小。各项主要污染物中，六价铬和汞为黄海排放量最大，总磷、铅和镉为南海排放量最大，其余均为东海排放量最大。沿海各省（自治区、直辖市）中，福建直排海污染源污水排放量最大，其次是浙江和广东。浙江直排海污染源化学需氧量排放量最大，其次是山东和福建。

此外，监测的入海河流劣五类水质断面同比下降6.1个百分点，海洋倾倒区、海洋油气区环境质量基本符合海洋功能区环境保护要求，海洋渔业水域环境质量总体良好。赤潮发生次数和累计面积均较上年大幅减少。

但是近岸海域环境问题依然突出，部分近岸海域污染依然严重。2018年冬季、春季、夏季、秋季，近岸海域劣于四类海水水质标准的海域面积分别为51 200平方千米、42 060平方千米、37 080平方千米、42 760平方千米，占近岸海域面积的17%、

14%、12.0%和14%，严重污染的区域主要分布在辽东湾、渤海湾、莱州湾、江苏沿岸、长江口、杭州湾、浙江沿岸、珠江口等近岸区域，主要污染要素为无机氮、活性磷酸盐和石油类。实施监测的河口、海湾、滩涂湿地、珊瑚礁等典型海洋生态系统76%处于亚健康和不健康状态，其中杭州湾、锦州湾持续处于不健康状态。入海排污口邻近海域环境状况无明显改善，全年入海排污口达标排放次数占监测总次数的55%，入海排污口邻近海域环境质量状况总体较差，91%以上无法满足所在海域海洋功能区的环境保护要求。海洋环境风险仍然突出。全年共发生赤潮68次，累计面积约7484平方千米，分别较上年增加33次和4675平方千米；东海依然为赤潮高发海域，赤潮发生次数占总数的54%，累计面积占总面积的76%。渤海滨海平原地区海水入侵和土壤盐渍化加重，砂质海岸局部地区侵蚀加重。

第二节 生物多样性监管

生物多样性监管体制是影响生物多样性保护与管理成效的一个重要因素，可在一定程度上反映一个国家对生物多样性问题的认识水平和程度。自1992年在巴西召开的联合国环境与发展大会通过《生物多样性公约》（简称《公约》）的20多年来，世界各国在开展生物多样性保护和可持续利用生物资源方面已取得卓有成效的进展。然而，影响生物多样性保护与管理成效的一个重要因素是国家生物多样性管理体制，由于政治体制存在差异，各国在生物多样性管理体制方面的做法不尽相同。例如，英国和德国建立了自然保护局，作为一个独立的机构，全面负责自然保护和生物多样性保护。印度的环境保护与林业属于同一部门，又在《生物多样性法》下建立了“生物多样性总局”，作为中央政府的直属机构，协调全国生物多样性的保护与管理工作[2]。

中国生物多样性管理体制的基本格局于20世纪80年代后期形成，当时主要体现在自然保护区的管理体制框架方面，即环境保护部门主要实施综合协调的监督管理，林业、农业、海洋、中医药、建设等部门主要实施行业监督管理。1988～1992年，环境保护部门牵头相关部门参与了《公约》的全程谈判，随后又牵头完成加入《公约》的法律程序，使中国成为最早加入《公约》的缔约方[3]。中国作为主要的缔约国之一，近年来在开展生物多样性保护和可持续利用生物资源方面已取得巨大进展，建有各类植物园，建立了各种类型、不同级别的自然保护区，发布了《中国生物多样性保护行动计划》等各类文件[4]。然而，生物多样性的保护还存在很大的不足，如生物多样性立法体制不全，监管机构不完善，监管能力不足等，中国的监管体制在实际运行中存在许多问题，主要体现在监管的立法体系不完善、监管职能部门机构不健全、人员不足且素质不高、学术交流滞后、基础设施缺乏、资源开发监管不足等几个方面。建立有利于保护生物多样性、实现生物资源的可持续利用的生物多样性监管体制应是我国生物多样性保护的重要任务。对此，我们应该更多地借鉴外国的先进经验，加强我国的生物多样性监管体制的建设。

第三节　海洋生态灾害监管

海洋生态灾害是指由自然变异和人为因素所造成的损害近海生态环境与海岸生态系统的灾害。我国是海洋生态灾害发生较为严重的国家之一，具有灾种多样、发生频繁的特点，在灾害类型方面，不仅有赤潮、海水入侵、土壤盐渍化、海岸侵蚀、海洋污损、溢油和生物入侵等，近年来还出现了浒苔绿潮、水母暴发、马尾藻金潮等新型的生态灾害[5]。海洋生态灾害不仅造成海洋经济发展滞后，而且导致海洋环境恶化，给后期维护带来很大的弊端。因此，建立和完善海洋生态灾害监测体系显得尤为重要。

经过50多年的建设和发展，海洋部门逐步建立了由岸基浮标、船舶、飞机、卫星等多种监测手段构成的覆盖管辖海域的海洋环境立体监测业务系统，具备了对我国沿海赤潮、绿潮等环境灾害和溢油、危险化学品泄漏等突发事件进行应急监测的能力。以赤潮灾害为例，海洋部门在沿海赤潮高发的区域设立了19个赤潮监控区，定期对这些区域实施高频次的监测，并通过卫星遥感、船舶走航、陆岸巡视等对全海域进行多途径、多手段监测，及时发现赤潮灾害并采取相应措施主动防治。对于海水入侵和土壤盐渍化、海岸侵蚀等缓发性质的灾害，国家海洋局于2003年启动了海岸侵蚀监测，于2007年启动了海水入侵和土壤盐渍化监测。通过每年监测沿海31个海水入侵区和8个具有代表性的砂质、粉砂淤泥质侵蚀岸段，基本掌握了我国海水入侵和土壤盐渍化、海岸侵蚀的现状与趋势。

第四节　陆海一体化生态保护监管

十八届三中全会提出的“建立陆海统筹的生态系统保护修复区域联动机制”就是要立足生态系统完整性，打破区域、流域和陆海界限，打破行业和生态系统要素界限，实行要素综合、职能综合和手段综合，建立与生态系统完整性相适应的生态保护管理体制，对生态系统从山顶到海洋进行全要素、全过程和全方位一体化管理，维护生态系统结构和功能的完整性以及生态系统健康[6]。国务院办公厅印发的《生态环境监测网络建设方案》提出了2015～2020年生态环境监测网络建设的路线图和目标，到2020年，全国生态环境监测网络基本实现环境质量、重点污染源、生态状况监测全覆盖，各级各类监测数据系统互联共享，监测预报预警、信息化能力和保障水平明显提升，监测与监管协同联动，初步建成陆海统筹、天地一体、上下协同、信息共享的生态环境监测网络，使生态环境监测能力与生态文明建设要求相适应[7]。

本章参考文献

[1] 孔一颖. 国家海洋局集中发布三个海洋公报 我国海洋生态环境稳定 海平面波动上升[J]. 海洋与渔业, 2017, (4):36-37.

[2] 陈婷, 何金华, 吴开庆, 等. 生物多样性监管体制研究[J]. 广州化工, 2013, 41(13):170-172.

[3] 薛达元. 生物多样性管理体制的国外经验及启示[J]. 环境保护, 2012, (17):66-68.

[4] 陈婷, 何金华, 吴开庆, 等. 生物多样性监管体制研究[J]. 广州化工, 2013, 41(13):170-172.

[5] 汪艳涛, 高强, 金炜博. 我国海洋生态灾害应急管理体系优化研究[J]. 灾害学, 2014, (4):150-154.

[6] 丁晖, 曹铭昌, 刘立, 等. 立足生态系统完整性,改革生态环境保护管理体制：十八届三中全会"建立陆海统筹的生态系统保护修复区域联动机制"精神解读[J]. 生态与农村环境学报, 2015, (5):647-651.

[7] 钟奇振. 广东2020年建成生态环境监测网络[J]. 环境, 2017, (5):48-49.

第五章　陆海生产综合体

第一节　海洋资源开发

我国海域十分辽阔，管辖范围超过400万平方千米，超过我国陆地总面积1/3，横跨温带、亚热带和热带地区。我国大陆海岸线长度超过18 000千米，500平方米以上的岛屿超过6000个，是名副其实的海洋大国。自党的十九大习近平同志提出“坚持陆海统筹，加快建设海洋强国”以来，我国加快了对海洋发展战略的部署，加大了对海洋资源开发与相关技术研发的力度，海洋资源在我国经济社会发展中的地位越来越重要。

（一）海洋渔业资源

20世纪50年代以前，受捕捞工具、捕捞技术、造船技术、经济条件、战争等诸多因素的限制，我国的海洋渔业资源丰富，大部分渔业资源没有得到充分利用。80年代以后，随着社会的稳定发展，造船技术不断得到提高，捕捞船只吨位越来越大，捕捞能力越来越强，加上经营体制的转变，激发了渔民捕捞的积极性，全年不间断地疯狂捕捞，导致了近年来我国呈现出近海几乎无鱼可捕的局面。因此，渔民的捕捞作业范围不断从近海向深远海扩展，不仅造成了我国海洋渔业资源的过度开发，还经常因为远洋捕捞引起一系列的国际纠纷。

由于过度的捕捞及海洋资源的严重衰退，渔民的捕捞压力越来越大，促使我国的海洋渔业结构随之发生了很大的转变。近年来，我国越来越重视海洋养殖业和养殖技术的发展，已经建成了以青岛、大连为代表的全国示范性海洋牧场养殖区，海洋渔业也从以海洋捕捞为主的传统海洋渔业，逐步向以海洋养殖为主的现代海洋渔业发展。

首先，对海洋渔业资源的统筹规划、合理布局，使海洋渔业资源的种类、数量和范围得到扩大；其次，建设人工鱼礁，发挥人工鱼礁的规模生态效应，减少作业成本；再次，积极发展海洋养殖业，并与休闲产业及其他相关产业结合，协同发展；最后，制定增殖技术标准体系，规范渔业资源增殖管理[1]。我国2013～2017年的海洋渔业总体情况如表5-1所示。

表5-1　2013～2017年我国海洋渔业总体情况

年份	海洋渔业总体情况
2017	海洋渔业生产结构加快调整，海水养殖产量稳步增长。海洋渔业全年实现增加值4676亿元，比上年下降3.3%。
2016	海洋渔业总体保持平稳增长，近海捕捞和海水养殖产量保持稳定，1～11月，全国海洋捕捞产量1333万吨，同比增长1.4%。海洋渔业全年实现增加值4641亿元，比上年增长3.8%。
2015	海洋渔业保持平稳发展态势，海水养殖和远洋渔业产量稳步增长。海洋渔业全年实现增加值4352亿元，比上年增长2.8%。
2014	海洋渔业整体保持平稳增长态势，海水养殖产量稳步提高，远洋渔业快速发展。海洋渔业全年实现增加值4293亿元，比上年增长6.4%。
2013	海洋渔业平稳较快增长，海水养殖业发展态势良好，远洋渔业较快增长。海洋渔业全年实现增加值3872亿元，比上年增长5.5%。

（二）海洋油气资源

我国陆地上的石油储备资源严重不足，无法支撑我国经济社会的快速发展。众所周知，自2017年起，我国已经成为世界上的头号石油进口国。但我国并不是一个贫油国，近年来，越南凭借盗采我国南海的油气资源，从原本依赖石油进口的贫油国变成了石油出口国。随着陆地油气资源的逐步消耗，开发储量庞大的海洋油气资源，已经是各沿海国家油气开采行业的发展趋势。我国南海与东海拥有十分丰富的油气资源，因此周边国家对我国的南海与东海虎视眈眈，大小国际争端时有发生。仅在南海区域就已发现周边国家的油气钻井1000多口，年石油产量远远超过我国海洋石油产量[2]。更有甚者，越南GDP的最大支柱产业居然是我国的南海石油开采。因此，加强我国海洋油气资源的保护，加大我国自身的开采能力和开发力度，对我国的经济社会发展十分重要。表5-2是2013～2017年我国海洋油气资源开发情况。

表5-2　2013～2017年我国海洋油气资源开发情况

年份	海洋油气资源开发情况
2017	受国内外市场需求和海洋油气业生产结构调整的影响，海洋原油产量4886万吨，比上年下降5.3%，海洋天然气产量140亿立方米，比上年增长8.3%。海洋油气业全年实现增加值1126亿元，比上年下降2.1%。
2016	海洋油气产量同比减少，其中海洋原油产量5162万吨，比上年下降4.7%，海洋天然气产量129亿立方米，比上年下降12.5%。
2015	海洋油气产量保持增长，其中海洋原油产量5416万吨，比上年增长17.4%，海洋天然气产量136亿立方米，比上年增长3.9%。受国际原油价格持续走低影响，海洋油气业全年实现增加值939亿元，比上年下降2.0%。
2014	海洋油气产量保持增长，其中海洋原油产量4614万吨，比上年增长1.6%，海洋天然气产量131亿立方米，比上年增长11.3%。海洋油气业全年实现增加值1530亿元，比上年下降5.9%。受国际原油价格持续下跌影响，增加值减少。
2013	海洋油气业保持稳定发展，其中海洋原油产量4540万吨，比上年增长2%，海洋天然气产量120亿立方米，比上年减少4%。海洋油气业全年实现增加值1648亿元，比上年增长0.1%。

（三）海洋矿业资源

近年来，随着开采技术的不断发展，大规模开采海洋资源成为可能，再加上海洋矿产资源丰富，越来越多的国家将目光投向了海洋矿产资源开采。海洋矿产资源除了石油、天然气以外，还包括砂矿、煤炭铁、金属结核、可燃冰等资源，几乎包含了陆地上已发现的所有资源种类，储藏量巨大，同时包括一些陆地上暂时还没发现的稀有矿产资源。2013～2017年，我国新增的国际海底矿区面积超过8万平方千米，是世界上海底矿种最全、矿区最多的国家。我国2013～2017年的海洋矿产业发展情况如表5-3所示。

表5-3 2013～2017年我国海洋矿产资源开发情况

年份	海洋矿产资源开发情况
2017	受市场需求和近岸海砂资源管控力度加大的影响，海洋矿业全年实现增加值66亿元，比上年下降5.7%。
2016	海洋矿业平稳发展，全年实现增加值69亿元，比上年增长7.7%。
2015	海洋矿业快速增长，全年实现增加值67亿元，比上年增长15.6%。
2014	海洋矿业较快增长，全年实现增加值53亿元，比上年增长13.0%。
2013	海洋矿业较快发展，海洋矿产资源开采进一步规范有序，全年实现增加值49亿元，比上年增长13.7%。

（四）海洋盐业资源

海洋盐业是我国重要的传统海洋产业，也曾是我国海洋经济的支柱。食用盐和工业用盐是海洋盐业的主要产品，其中又以工业用盐为主，占全国盐总需要量的80%以上。改革开放以来，盐业对我国国民经济的贡献度在不断下降，但是盐业作为关系国计民生的重要产业，仍然在海洋经济中占据着重要地位。表5-4是我国2013～2019年海洋盐业资源的开发情况，可以看出，2018年起增长速度明显放缓。

表5-4 2013～2019年我国海洋盐业资源开发情况

年份	海洋盐业资源开发情况
2019	海洋盐业生产总值31亿元，与2018年相比较减少8亿元，同比下降21%。
2018	受市场需求下降影响，海洋盐业全年实现增加值39亿元，增速比上年下降3%。
2017	受市场需求下降影响，海洋盐业全年实现增加值40亿元，增速比上年增加3%。
2016	海洋盐业稳定增长，全年实现增加值39亿元，比上年增长0.4%。
2015	海洋盐业平稳发展，全年实现增加值69亿元，比上年增长3.1%。
2014	海洋盐业呈现负增长，全年实现增加值63亿元，比上年减少0.4%。
2013	海洋盐业呈现负增长，全年实现增加值56亿元，比上年减少8.1%。

（五）海洋化工资源

海洋化工业是以海洋中的一些物质作为原料通过工业生产进行提取、分离并纯化，然后实现产品销售的一门产业。由于海洋中氯化钠的储量巨大，因此对氯化钠的各种工业加工是目前最常见的海洋化工业，包括海水化工、海盐化工、海藻化工等各种化工生产活动。近年来，海洋化工业呈快速增长趋势，其产品广泛应用于军工、建材、石油等领域。表5-5是我国2013～2017年海洋化工资源开发情况。

表5-5　2013～2017年我国海洋化工资源开发情况

年份	海洋化工资源开发情况
2017	受去库存影响，烧碱、乙烯等海洋化工产品产量增速回落，海洋化工业全年实现增加值1044亿元，比上年下降0.8%。
2016	海洋化工业稳步发展，全年实现增加值1017亿元，比上年增长8.5%。
2015	海洋化工业较快增长，全年实现增加值985亿元，比上年增长14.8%。
2014	海洋化工业保持平稳的增长态势，全年实现增加值911亿元，比上年增长11.9%。
2013	海洋化工业运行平稳，全年实现增加值908亿元，比上年增长11.4%。

（六）海洋生物医药资源

海洋生物医药资源含有多种生物活性物质，具有独特的营养和药物价值，还有些海洋生物具有有效预防和治疗心脑血管疾病、延缓脑的衰老等功能。因此海洋生物医药的发展对我国医疗技术的发展有着不可或缺的作用。海洋生物医药的研究和生产也逐渐成为各海洋大国新的热点竞争领域。

近年来，借助国家“蓝色经济”战略，我国海洋生物医药产业呈现出快速发展态势，是2013～2017年海洋产业中增长最快的领域，如表5-6所示。

表5-6　2013～2017年我国海洋生物医药资源开发情况

年份	海洋生物医药资源开发情况
2017	海洋生物医药业快速增长，产业集聚区逐渐形成，全年实现增加值385亿元，比上年增长11.1%。
2016	海洋生物医药业较快增长，全年实现增加值336亿元，比上年增长13.2%。
2015	海洋生物医药业持续快速增长，全年实现增加值302亿元，比上年增长16.3%。
2014	海洋生物医药业保持较快增长，全年实现增加值258亿元，比上年增长12.1%。
2013	海洋生物医药业持续较快发展，全年实现增加值224亿元，比上年增长20.7%。

（七）海洋电力资源

随着我国海上风电并网价格等相关政策的出台，海上风电行业加速发展，辽宁、福建、江苏、上海等地海上风电项目相继开工，大大增强了海洋电力产业的发展潜力。表5-7呈现了我国2013～2017年海洋电力资源的开发情况。

表5-7　2013～2017年我国海洋电力资源开发情况

年份	海洋电力资源开发情况
2017	海洋电力业继续保持良好的发展势头，海上风电项目加快推进，新增装机容量近1200兆瓦。全年实现增加值138亿元，比上年增长8.4%。
2016	海洋电力业保持良好的发展势头，海上风电项目稳步推进。全年实现增加值126亿元，比上年增长10.7%。
2015	海洋电力业发展平稳，海上风电项目稳步推进。全年实现增加值116亿元，比上年增长9.1%。
2014	海洋电力业发展势头良好。全年实现增加值99亿元，比上年增长8.5%。
2013	海洋电力业稳步发展，海上风电项目有序推进。全年实现增加值87亿元，比上年增长11.9%。

（八）滨海旅游资源

随着人们生活水平的提高，大众旅游业近年来呈快速增长趋势，滨海旅游尤为火热。我国海岛资源丰富，海岛风景优美，使得海岛旅游成为旅游业发展一个新的突破口。2013年以来，我国滨海旅游业消费总值在逐年攀升，如表5-8所示。

表5-8　2013～2017年我国滨海旅游资源开发情况

年份	滨海旅游资源开发情况
2017	滨海旅游业发展规模持续扩大，海洋旅游新业态潜能进一步释放。滨海旅游业全年实现增加值14 636亿元，比上年增长16.5%。
2016	滨海旅游业发展规模稳步扩大，新业态旅游成长步伐加快。滨海旅游业全年实现增加值12 047亿元，比上年增长9.9%。
2015	滨海旅游业继续保持较快增长，邮轮、游艇等新兴海洋旅游业态蓬勃发展。滨海旅游业全年实现增加值10 874亿元，比上年增长11.4%。
2014	滨海旅游业继续保持较快发展态势，邮轮、游艇等新兴旅游业态发展迅速。滨海旅游业全年实现增加值8882亿元，比上年增长12.1%。
2013	滨海旅游业继续保持良好发展态势，产业规模持续增大。滨海旅游业全年实现增加值7851亿元，比上年增长11.7%。

第二节　沿海区域经济发展

自20世纪实行改革开放以来，得益于自身的区位优势及国家的一系列优惠政策，我国沿海地区经济得到了飞速发展，使我国实现了从内陆经济向外向型的海洋经济转变，东南沿海城市成为我国最发达的地区。这其中除了“一带一路”倡议、改革开放等政策带来的红利之外，沿海地区便利的航运及交通条件、优越的地理位置、丰富的海洋及旅游资源、开放合作的开发模式等，也推动了沿海地区的快速发展。沿海地区的经济发展已成为我国经济社会发展的主要推动力，也是我国国民经济的主要组成部分。自2012年以来，沿海地区的经济收入均超过全国总量的60%，沿海旅游收入更是占到全国旅游收入的70%以上。由此可见，坚持陆海统筹规划，做好沿海地区的产业经济布局与管理，不仅对内陆地区有着示范作用，而且对中华民族伟大复兴和中国梦的实现有着极其重要的作用。

随着我国区域发展总体战略、“一带一路”倡议、京津冀协同发展战略、长江经济带发展战略实施，我国的沿海城市基本形成了北部、东部、南部“三圈”格局[3]，如表5-9所示。

表5-9 “三圈”范围及特征

年份	我国滨海旅游资源开发情况	发展特征
北部海洋经济圈	辽东半岛、渤海湾、山东半岛	该区域海洋经济发展基础雄厚，海洋科研教育优势突出
东部海洋经济圈	江苏、浙江、上海	该区域港口航运体系完善，海洋经济外向型程度高
南部海洋经济圈	福建、广东、广西、海南	该区域海域辽阔、资源丰富、战略地位突出，是我国对外开放和参与经济全球化的重要区域

北部海洋经济圈由辽东半岛、渤海湾和山东半岛沿岸及海域组成，该区域海洋经济发展基础雄厚，海洋科研教育优势突出，成为我国北方地区对外开放的重要平台和具有全球影响力的先进制造业基地与现代服务业基地、全国科技创新与技术研发基地。北部海洋经济圈东邻日韩，除了建设国家级海洋牧场示范区外，加强东亚-东北亚国际合作也是其重要的发展方向。另外，大规模的工业用海水淡化工程也是北部海洋经济圈的重要产业之一，主要为天津、山东、河北等地的电力、钢铁等高耗水行业服务。

东部海洋经济圈由江苏、上海、浙江沿岸及海域组成，该区域港口航运体系完善，海洋经济外向型程度高，是“一带一路”倡议与长江经济带发展战略的交汇区域，也是我国参与经济全球化的重要区域、亚太地区重要的国际门户。我国东部沿海地区发展相对比较均衡，上海、浙江、江苏经济发展水平均处于全国领先地位。从经济实力来看，江苏仅次于广东，是我国经济实力第二强省。但江苏并不是特别重视沿海地区的发展，以至于江苏的沿海城市知名度还不如苏州、常州、无锡等内陆城市。

南部海洋经济圈由福建、珠江口及其两翼、北部湾、海南岛沿岸及海域组成，该区域海域辽阔、资源丰富、战略地位突出，是我国对外开放和参与经济全球化的重要区域，成为保护开发南海资源、维护国家海洋权益的重要基地。南部海洋经济圈的实力很雄厚，但是发展水平非常不均衡。广州与深圳实力强，其经济实力都是领跑全国的，珠海、东莞、中山等城市也十分富裕，但是茂名、湛江等广东西部城市，以及广西、海南等的沿海城市相对比较落后，基本都处于三四线城市之列，且发展差距还在不断拉大，资源也不断被虹吸到珠三角几个核心城市。“三圈”海洋生产总值的整体情况如表5-10所示。

表5-10　2016～2018年“三圈”海洋生产总值情况

年份	北部海洋经济圈	东部海洋经济圈	南部海洋经济圈
2018	海洋生产总值26 219亿元，占全国海洋生产总值的比例为31.4%。	海洋生产总值24 261亿元，占全国海洋生产总值的比例为29.1%。	海洋生产总值32 934亿元，占全国海洋生产总值的比例为39.5%。
2017	海洋生产总值24 638亿元，占全国海洋生产总值的比例为37.5%。	海洋生产总值22 952亿元，占全国海洋生产总值的比例为34.9%。	海洋生产总值18 156亿元，占全国海洋生产总值的比例为27.6%。
2016	海洋生产总值24 323亿元，占全国海洋生产总值的比例为34.5%。	海洋生产总值19 912亿元，占全国海洋生产总值的比例为28.2%。	海洋生产总值26 272亿元，占全国海洋生产总值的比例为37.3%。

第三节　海洋经济核算

进行海洋经济核算是为了准确了解海洋产业布局、海洋产业结构变化趋势、海洋产业发展潜力及动力等数据，为充分发挥海洋资源优势、充分挖掘海洋经济发展潜力、实现海洋经济可持续发展提供数据基础与技术支持。

2006年，经国家统计局批准，国家海洋局正式发文启动海洋生产总值核算制度，开始了全国范围的海洋生产总值核算。海洋经济核算分为基础阶段、预处理阶段、核算与审核阶段三个阶段。基础阶段包括明确海洋产业构成部分，弄清相对应的国民经济行业以及收集基础数据；预处理阶段包括数据质量的审核以及核算方法的选择；核算与审核阶段包括海洋生产总值的核算及数据结果校检[4]。

核算内容应当依据现实需要及其核算意义的重要性来选择，满足管理决策者的需要。从核算框架来说，海洋经济核算体系保持了与国民经济核算体系之间相对应的关系，两者所遵循的分类标准依据都是国际通用的国民经济核算体系标准。海洋经济核算是国民经济核算向海洋领域的延伸。海洋经济是国民经济的重要组成部分，两者不是简单地以地域概念来区分。从核算内容来讲，海洋经济核算包括三个部分，即12个主要海洋产业、海洋科研教育管理服务和海洋相关产业，海洋生产总值反映的是海洋经济活动的总量，与国民经济核算中的国内生产总值相对应，并且使海洋生产总值与国内生产总值具有可比性。从核算范围来讲，海洋经济核算范围涉及国民经济行业分类的20个门类、70个大类、172个中类和313个小类，将国民经济行业中的所有涉海行业均纳入其中。海洋产业对应国民经济相关行业的选择，参照《海洋及相关产业分类》（GB/T 20794—2006）与《国民经济行业分类》（GB/T 4754—2017）等。

海洋经济核算是海洋经济宏观管理决策的重要依据，可依据核算数据合理地制定海洋经济政策和发展战略。合理的核算方法研究具有重要的现实意义，也是客观所需。海洋经济核算的准确度若不能保证，其核算将失去价值和意义。

第四节　陆海综合体产业经济监管

产业的集聚能够提升区域的整体竞争力，培养区域特色产业，扩大区域产业规模，加快经济发展速度，也能提升一个国家的国际竞争力。如何合理布局沿海地区的陆海经济产业，加强综合产业园区建设，培育综合产业圈，对于发展沿海乃至全国的经济均具有重要的战略意义。因此，我国的海洋产业园建设应考虑陆域产业与海洋产业的综合影响因素，两者互生互补，共同保障国民经济的健康发展。

产业趋同与区域产业布局、产业定位有着十分密切的关系。沿海经济带要从宏观产业布局出发，优化调整工业布局，合理配置资源，最大限度地发挥各个地区的比较优势，实现产业错位“集群化”发展，减少产业趋同现象[5]。各市产业布局和产业定位应与沿海地区整体规划统筹考虑，协调发展，找准自身产业优势与发展定位。要充分挖掘潜力，发挥特色优势，加强地区间协调与合作，既要形成整体合力，又要依据各自优势避免不必要的竞争，努力提高资源利用率，提升沿海地区综合竞争力。高新技术产业是科技进步的重要体现，是经济社会发展的重要推动力量，在新常态下，面对新的发展形势，沿海经济带产业发展要以产业结构优化调整和转型升级为轴线，努力实现传统产业转型与新兴产业发展“双轮”驱动，共同助推我国沿海经济平稳、快速、健康发展。要大力发展高新技术产业，积极加强产学研合作，加大技术攻关和研发力度，促进科技成果推广转化，加快构建高新技术产业带，努力形成自主创新产业集群和名优产品链。要充分发挥特色园区功能，加大园区建设力度，加强园区规划引导，优化园区产业布局，打造园区特色亮点，实施园区带动战略，积极推进新兴产业项目向园区集中，不断增强园区的聚集能力，使之成为传统产业链延伸、新兴产业聚集的重要载体。陆海综合体产业经济监管，既包括对海洋一侧的船舶修造业、海水利用业、旅游业、海洋渔业、海洋航运业等产业监管，也包括对陆域一侧的水产品加工及运输、海洋医药研发及制造、计算机信息服务、化学制品制造等与海洋产业有间接关系的产业经济活动监管。如图5-1所示。陆域和海洋的相关产业通过原材料提取加工、设备技术研发与应用、资金流转、仓储物流供应、营销服务等生产活动进行交汇融合，形成密切相关的陆海综合产业园区（图5-1，图5-2）。

在空间分布上，我国涉海产业园区大致呈现“三片一带”的格局，包括北、东、南“三片”和沿海岸线“一带”，在空间上具备了一定的规模和密度，产业上形成了较为多元和协调的结构[6]。

北部片区包括辽宁、河北、天津和山东，共有22个涉海国家级园区，占全国涉海园区总数的43.1%。这一片区海洋产业集群化特征明显，船舶制造与海工装备、海洋化工等产业链较为完备，总体竞争力较强。

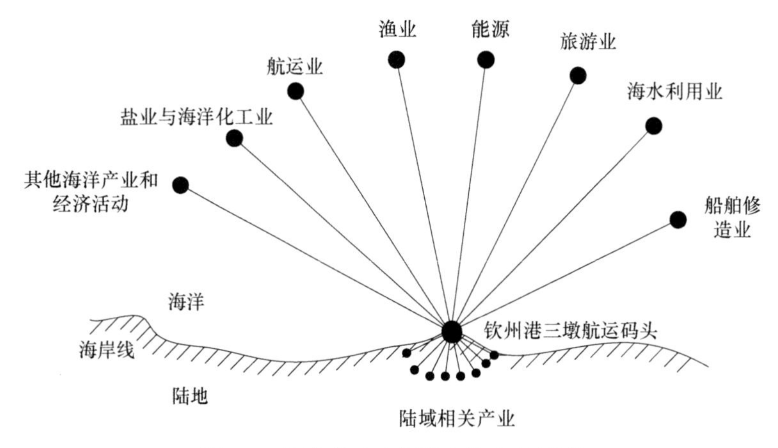

图5-1 陆海产业（经济）综合体模式

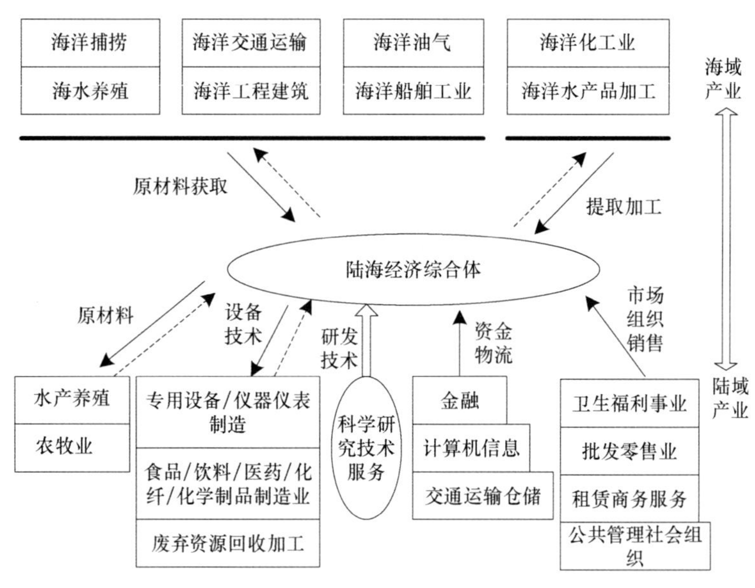

图5-2 陆海经济综合体交汇产业模式

东部片区包括江苏、上海和浙江，共有11个涉海国家级园区，占全国涉海园区总数的21.6%，是我国临港工业、船舶制造与海洋服务业的重要集聚区域，重点产业优势突出，产业外向型程度较高，创新能力较强。

南部片区主要包括以珠江三角洲地区为核心的广东、福建、广西和海南，共18个涉海国家级园区，占全国涉海园区总数的35.3%。南部片区海洋产业园区起步较晚，涉海产业结构呈现多样化，布局上呈现明显的非均衡性，园区主要集中在福建、广东，仅广东海洋产业增加值就占了全国的22%、整个区域的64%左右。但考虑到这一区域区位特殊，海洋资源丰富，海洋产业发展潜力巨大。

按照我国《国民经济行业分类》（GB/T 4754—2002）和《海洋经济统计分类与代码》HY/T 052—1999的规定，海洋产业可划分为海洋第一产业、海洋第二产业和海洋第三产业三类。海洋第一产业主要包括海洋渔业；海洋第二产业包括海洋油气业、海滨砂矿业、海洋盐业、海洋化工业、海洋生物医药业、海洋电力和海水利用业、海洋船舶工业、海洋工程建筑业等；海洋第三产业包括海洋交通运输业、滨海旅游业、海洋科学研究、教育、社会服务业等。我国2014～2018年的海洋产业结构分布见图5-3。

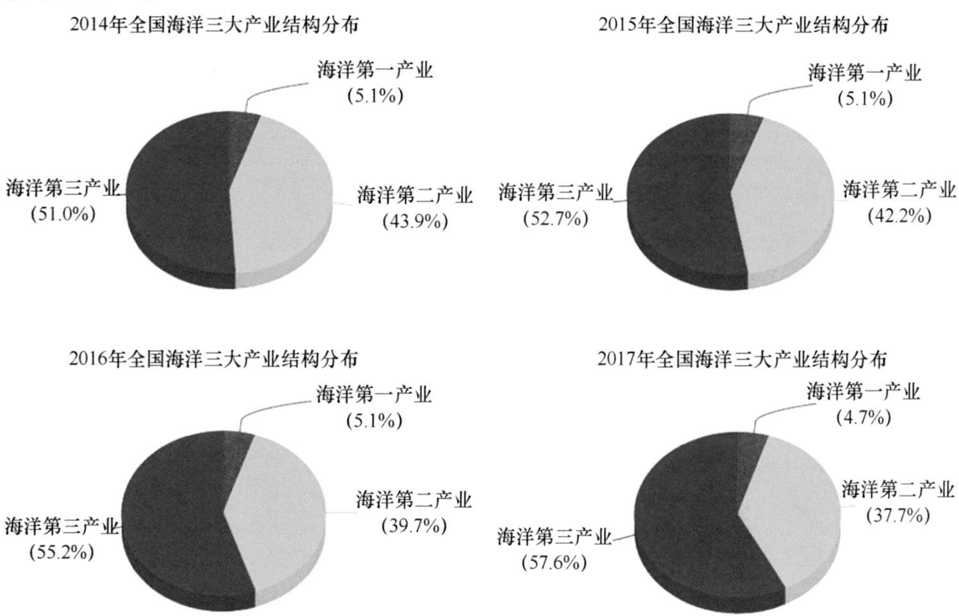

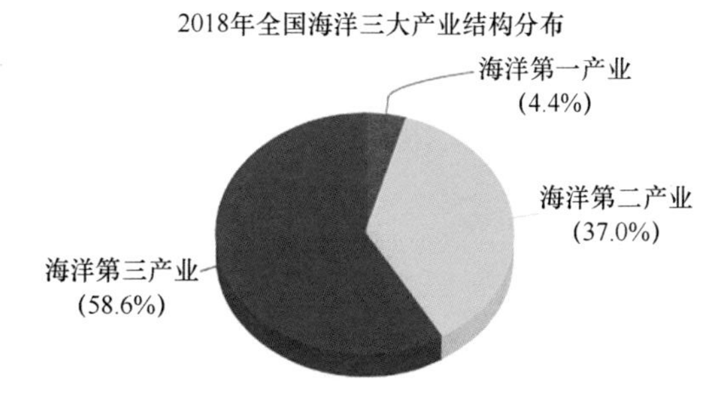

图5-3　2014～2018年我国海洋三大产业结构分布

本章参考文献

[1] 张伟锋. 试论海洋渔业资源管理制度化[J]. 商, 2014, (21):259.
[2] 王立忠. 论我国海洋石油工程技术的现状与发展[J]. 中国海洋平台, 2006, 21(4):9-11.
[3] 谢江珊. 海洋经济圈成为新增长点 上海、深圳又添新目标:建全球海洋中心城市[J]. 建筑设计管理, 2017, 34(8):37-38.
[4] 何广顺, 王晓惠, 周洪军, 等. 海洋生产总值核算方法研究[J]. 海洋通报, 2006, (3):66-73.
[5] 接玉芹. 新常态下江苏沿海经济带产业集聚发展战略思考[J]. 商业经济研究, 2015, (25):137-139.
[6] 沈体雁, 施晓铭. 中国海洋产业园区空间布局研究[J]. 经济问题, 2017, (3):107-110.

第六章　陆海生活综合体

第一节　人类活动与海洋"水土气"污染

"绿水青山就是金山银山"是时任浙江省委书记的习近平同志于2005年8月在浙江湖州安吉考察时提出的科学论断。绿水青山、碧水蓝天，是大自然给予人类最好的馈赠[1]。干净的水、土、气是我们人类的生存之本，也关系到子孙后代的健康和可持续发展。我国作为世界上的人口第一大国，对水土气资源的依赖和消耗是十分严重的。改革开放以来，随着社会经济和工业的快速发展，重开发、轻治理的现象十分普遍，导致近年来我国的水土气污染比较严重。因此，我国陆续推出了一系列跟水土气保护和治理有关的法律法规，如《环境保护法》、《农业法》、《土地管理法》、《基本农田保护条例》、《固体废物污染环境防治法》、《水污染防治法》、《大气污染防治法》等。另外，还有《土地复垦规定》、《闲置土地处置办法》、《矿产资源法》、《水法》、《森林法》、《草原法》、《农管理条例》、《水土保持法》、《防沙治沙法》等与土地生态安全相关的法律法规。

垃圾倾倒、污水排放、石油泄漏等行为，给海洋造成了不同程度的污染，大量的重金属、有毒化学物质、微塑料等残留物质危害着海洋生物的健康与生命安全，对海洋生态环境造成了不可修复的破坏，也威胁到人类的生存环境与健康。据有关资料统计，海洋石油污染发生的次数约占海洋污染总次数的80%[3]。过去40年，全世界大型油轮搁浅漏油事件共有45次，最大的一次是1997年"大西洋皇后号"油轮在新西兰出事，最小的一次也漏油28吨[4]。2003年底发生在西班牙海域的"威望号"油轮断裂事件，导致7.7万桶燃油泄漏，为此，仅西班牙一国为清理"威望号"漏油污染就已耗资10亿美元。这些事故，对海洋生态环境造成严重影响。

我国的海洋污染情况十分严重，近岸海域受污染面积为 14 万平方千米，相当于我国 18 340 千米海岸线外有 7.6 千米宽的污染带[5]。举例来说，浙江乐清湾原本是东海海域最为重要的海洋牧场之一，现在超过80%的海域发生不同程度的污染，已经变为了海洋墓地，养殖户自己都不敢吃自己养的海鲜。由此可见，做好海洋污染监测与控制，对于我国的经济发展和人民的健康有着极其重要的意义。

第二节　陆源垃圾与海洋倾废

随着社会经济的高速发展，人们的消费水平不断提高，对物质的需求量也越来越大，促进生产能力扩大的同时，也产生了越来越多的工业垃圾和生活垃圾，使我们的地球不堪重负。在城市发展迅速的今天，由于海洋的辽阔及监管的缺失，每天有巨量的工业和生活垃圾倒入或排入海洋中，远远超出了海洋的自我净化和修复能力，给海洋生态环境造成了不可估量的破坏与损失。

海洋垃圾污染已逐渐成为世界性的重大问题，它与世界各沿海国家的经济、政治、环境密切相关。根据联合国环境规划署（UNEP）的定义，海洋垃圾是指“海洋和海岸环境中具持久性的、人造的或经加工的固体废弃物”[6]。常见的海洋垃圾主要包括：塑料和玻璃等生活垃圾、石油及其衍生产品等化学垃圾、重金属垃圾、放射性核废料垃圾等。人类每天丢弃的海量垃圾不断在海洋中积累、漂流、扩散，已经严重威胁海上的交通安全，如破坏船体、缠住螺旋桨、阻塞航道等；同时对海洋生物的生存环境和生命安全产生了极大的威胁，近年来越来越多相关方面的报道引起了国际社会广泛的关注，如被废弃渔网或铁丝勒住身体的海龟、被轮船螺旋桨切割掉部分躯体的鱼类、因吞食塑料袋无法消化而饿死的大型鱼类等，种种现象触目惊心。另外，这些长期生活在海洋垃圾中的海洋生物，最终很有可能通过食物链将有害物质传递到人类体内，严重威胁到人类的健康。

海洋垃圾的来源众多，从来源途径来说主要包括陆源和海上两部分，陆源主要来自入海河流的污水注入、城市生活垃圾的倾倒、海岸带生产开发活动等；海上主要来自一些特定的海上活动，包括油气开发、海上倾废、海上军事、海上渔业、海上货运和海上娱乐活动等。

自20世纪90年代以来，各国学者开始了关于海洋垃圾污染状况的研究，包括污染源、污染分布、污染的危害等关键问题[7]。近年来，很多学者分别从海洋污染物迁移规律、海洋生态环境风险、生态效应、海洋污染防治方法等不同角度开展了研究并取得了一定的研究成果[8]。

我国是塑料生产和使用大国，尽管近年来政府及社会各界已大力提倡减少塑料袋的使用，但是我国每天产生的塑料垃圾数量依然十分惊人，海洋微塑料问题也十分严峻。据国外学者研究，全球192个沿海国家和地区，仅2010年就产生了2.75亿吨塑料垃圾，其中有480万～1270万吨进入了海洋。以480万吨为例，相当于至少2个北京市区的面积均被淹没在垃圾中。另有研究认为，我国的长江、黄河、珠江等主干河流对北太平洋的塑料垃圾也“贡献”非凡。

我国于2007年起组织开展全国海洋垃圾污染监测工作，并于2016年开展了微塑料试点监测。结果显示，我国塑料垃圾数量约占全部垃圾数量的80%，微塑料在海水、沉积物和贝类体内普遍存在。尽管现有监测和研究未发现我国海洋垃圾平均密度显著高于其他国家和区域，但海洋垃圾局部污染问题依然严重，沿海村镇、渔港、流域下游城市的海洋垃圾问题尤为突出。

尽管我国目前没有专门针对海洋垃圾的法案，但是针对海洋垃圾的污染防治问题，我国陆续出台和制定了多项法律法规，包括《环境保护法》、《海洋环境保护法》、《水污染防治法》、《固体废物污染环境防治法》、《防治陆源污染物污染损害海洋环境管理条例》、《海洋倾废管理条例》、《防治陆源污染物污染损害海洋环境管理条例》等。此外，我国是较早发布“限塑令”的国家之一，并不断强化生活垃圾分类制度。近年来，国家相继出台了“水十条”、“土十条”、“河长制”等环境保护政策，沿海部分城市也开展了“湾长制”试点工作。上述政策措施对削减陆源固体废弃物污染、控制塑料垃圾入海起到了重要作用。但总体而言，从海洋塑料垃圾管理和政策层面来看存在着以下问题：一是由于我国海洋塑料垃圾的管理涉及环保、海洋、农业、住建等多个部门，缺少国家层面专门性的政策安排和制度体系，在实际管理中面临着多头管理、权责不明、投入不足等问题，国家部门、地方政府、社会公众的多方合力尚未形成。二是对塑料垃圾污染防治国际新规则及其对塑料等相关产业的影响评估研究不足，未形成有效的应对措施和预案。

第三节 陆海交通立体衔接

区域合作，交通先行。路通则一通百通、百业兴旺。一度被称为交通末梢的广西，如今正充分发挥与东盟陆海相连的区位优势，从海、陆、空等多个层面构建立体的交通架构，并将陆路通道和海上通道有机衔接。目前北部湾四大港口——防城港、北海港、钦州港、铁山港已实现与广西铁路网全网互通，广西南昆铁路、益湛铁路、湘桂铁路、黔桂铁路、玉铁铁路形成了“五龙出海”之势[10]。

优势来之不易，背后是基础设施大力建设、政策积极扶持以及协调机制创新，是各方合力的成果。近年来，广西全面加快连接其与中南半岛的高速公路网、铁路网、现代港口网、航空网和通信网“五网”建设，加强设施联通，举全区之力推进南向通道的建设。同时，不断完善联通设施，提高效率，提升便利性，降低成本，提高竞争力，使通道具备更加广阔的前景。

将泛北部湾区域打造成为“陆海空天”一体、“一带一路”五通汇聚的核心区，加强与泛北各方的战略对接和政策互动，着力构建“南向、北联、东融、西拓”的全方位开放发展新格局，是广西的陆海交通统筹发展战略。同时为建设国际陆海贸易新通道，打造更高水平的中国-东盟战略伙伴关系，建设更为紧密的中国-东盟命运共同体做出重要贡献[11]。

中国与东盟建立战略伙伴关系17年来（2004～2020年），双方在贸易投资等领域取得了一系列丰硕成果：2017年，中国与东盟的贸易额首次突破5000亿美元，达到5148亿美元，比上年增长13.8%，再创历史新高；2018年一季度，中国和东盟的贸易额同比又大幅增长，达21%。巨大的物流、商流、资金流、现金流和人文流，经过广西北部湾和周边充满活力的热土，实现交互、融通，形成了21世纪海上丝绸之路合作的新亮点。

在广西北部湾沿海，每天有数万名中越商人通过东兴口岸来往中越两国进行贸易，同时每天有大量从内地运来的货物从钦州、防城港码头运往东南亚、欧洲等“海上丝绸之路”国家。广西作为“海上丝绸之路”的重要门户，与东盟国家陆海相连，是西部陆海新通道的重要节点。广西将借“中国-东盟博览会”的契机，不断加深与东盟各国的友好合作，力争将我国西南、华南地区的货物通过陆海联运方式，运送到“海上丝绸之路”的各个贸易伙伴国家或地区，打开国内国际开放合作新格局。

第四节　陆海旅游关联发展

伴随消费结构的升级、人均可支配收入的增加及大众旅游需求常态化的发展，海洋旅游产业渐趋火热，并在世界海洋各国旅游产业占有较高比例。沿海地区凭借独特的海洋资源、新奇的休闲娱乐方式，每年吸引了数亿人次的旅客，这不仅带来了巨大的海洋旅游收入，还拉动了沿海城市及周边地区的其他陆域旅游、交通、住宿、餐饮、生活用品、海洋文化以及附属的相关配套产业发展，形成了一个以沿海城市为中心的海洋旅游产业经济圈。

（1）海岛旅游业发展，景区数量增加

我国海岛旅游业在20世纪70年代末逐步进行开发建设，目前处于开发发展的推广阶段。自然资源部公开数据显示，我国共有海岛11 000余个，海岛总面积约占我国陆地总面积的0.8%。其中，浙江、福建、广东三省的海岛数量居前三位，分别占37%、20%、16%。岛上户籍人口数量最多的省份依次为福建、浙江、上海，户籍人口超过10万的海岛有厦门岛、崇明岛、舟山岛、海坛岛、玉环岛、东山岛、东海岛、达濠岛、岱山岛。我国海岛资源丰富、风景优美、气候宜人，因此，滨海旅游近年来已成为我国旅游业的一个重要增长点。自2012年以来，我国滨海旅游业发展迅猛，至2017年已达到14 636亿元，占海洋产业总产值的46.10%，如图6-1所示。

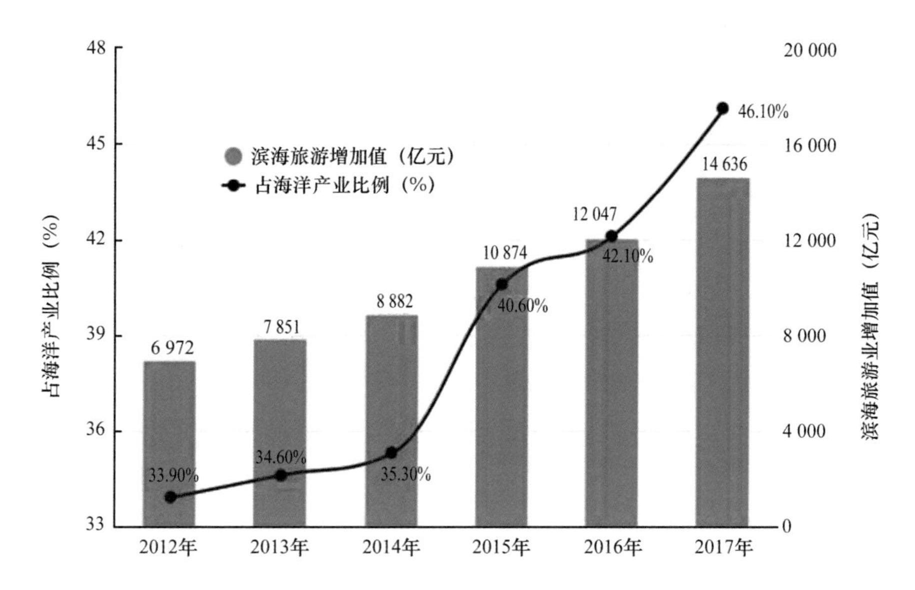

图6-1　2012～2017年我国滨海旅游业增加值及占海洋产业总产值的比例

海岛旅游是依托其特有的海滩、海上风光等旅游资源发展起来的一种旅游形式。为促进海岛旅游等“蓝色”经济的发展，近年来我国出台了不少相关政策和措施。例如，《国民经济和社会发展第十三个五年规划纲要》指出，加快海南国际旅游岛建设；创新海域海岛资源市场化配置方式；深入推进山东、浙江、广东、福建、天津等全国海洋经济发展试点区建设；国家海洋局印发的《全国海岛保护工作“十三五”规划》提出培育一批宜居宜游海岛，探索形成旅游、渔业等海岛生态开发利用模式，创建100个和美海岛。截至2017年底，全国海岛上已经确认的自然景观有1028处，人文景观有775处，已经建成投入使用的各类海水浴场有72个，已经建成的5A级涉岛旅游区有6个，4A级涉岛旅游区有43个，3A级涉岛旅游区有25个，海岛旅游资源的开发力度不断加大，为国内海岛旅游业的发展提供支持，如图6-2所示。

（2）海岛旅游游客数大涨，促行业发展

在滨海旅游业快速发展的大环境下，我国在不断加大滨海旅游景区开发和基础设施建设，海岛旅游业也顺势得到了一定发展[12]。国家海洋局统计公报数据显示，2015～2017年我国海岛接待的旅游人数和海岛旅游业增加值不断增加，至2017年共接待海岛旅游人数9836万人，实现海岛旅游业增加值达897亿元，如图6-3所示。

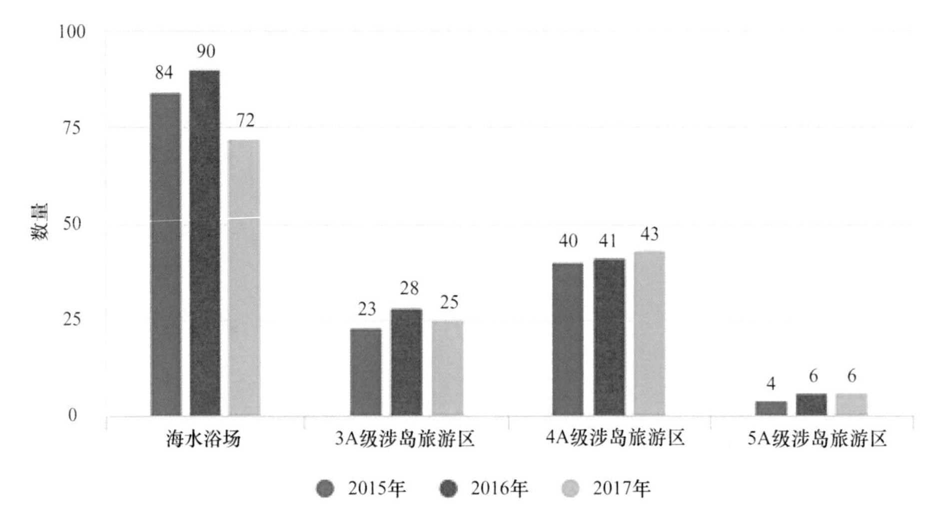

图6-2　2015～2017年我国海岛分级别旅游区统计

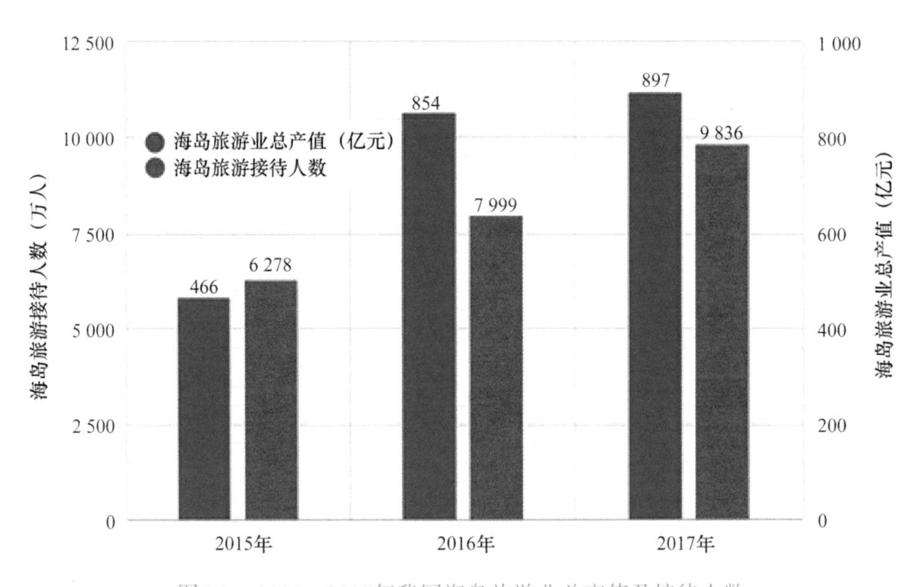

图6-3　2015～2017年我国海岛旅游业总产值及接待人数

（3）“陆海空”联动，打造三位一体的旅游新业态

根据国务院办公厅印发的《关于进一步促进旅游投资和消费的若干意见》，我国将加快自驾车房车营地建设，制定全国自驾车房车营地建设规划和自驾车房车营地建设标准，到2020年，建设自驾车房车营地1000个左右。我国将大力支持国内大型邮轮研发、设计、建造，鼓励有条件的国内造船企业研发制造大中型邮轮。到

2020年，全国建成10个邮轮始发港，并培育发展游艇旅游大众消费市场。到2017年，全国初步形成互联互通的游艇休闲旅游线路网络，并培育形成游艇大众消费市场。与此同时，还要加强中西部地区旅游支线机场建设，增加至主要客源城市航线，鼓励企业发展低成本航空和国内旅游包机业务。因此，我国将以空前的投资力度，加大“陆海空”三位一体的客运体系建设，力促“陆海空”联动的旅游新业态形成。“中国珲春—朝鲜罗先—俄罗斯海参崴”陆海跨国旅游线路已于2016年开通，每年接待无数的跨境游客。另外，贵广高铁的全线通车、北部湾航空的正式运营，也促进了贵州、广西、广东之间“陆海空”三位一体旅游格局的形成。相信随着我国交通行业的快速发展，更大区域范围的“陆海空”一体化旅游区将不断形成，这将成为促进我国旅游业发展的一个新动力。

本章参考文献

[1] 许贵林, 胡宝清, 黄胜敏. 北部湾[M]. 南宁: 广西科学技术出版社, 2018.
[2] 张伟锋. 试论海洋渔业资源管理制度化[J]. 商, 2014, (21):259.
[3] 陈有发, 栾剑慧, 赵凤平. 水土气污染与人类自身生产[J]. 防灾博览, 2007, (5):4-5.
[4] 陈贵峰, 杜铭华. 海洋浮油污染及处理技术[J]. 环境保护, 1997, (1):10-13.
[5] 罗英. 简论船舶对海洋的污染及防治[J]. 浙江国际海运职业技术学院学报, 2006, (1):12-15.
[6] 赵肖, 綦世斌, 廖岩, 等. 我国海滩垃圾污染现状及控制对策[J]. 环境科学研究, 2016, (29):1566.
[7] 王菊英, 林新珍. 应对塑料及微塑料污染的海洋治理体系浅析[J]. 太平洋学报, 2018, 26(4):83-91.
[8] 陈斌, 项一男. 太平洋大垃圾带的模型分析及治理建议[J]. 科技与管理, 2010, 12(3):47-49.
[9] 苏荣, 吴俊文, 董炜峰. 厦门海域海漂垃圾对海洋生态系统潜在生态风险研究[J]. 环境科学与管理, 2011, 36(3):24-26.
[10] 周倩, 章海波, 李远,等. 海岸环境中微塑料污染及其生态效应研究进展[J]. 科学通报, 2015, 60(33):3210-3220.
[11] 万本太. 加强海洋垃圾污染防治进一步推进海洋环保工作[J]. 环境保护, 2008, (019):59-61.
[12] 陆可. 海洋的未来鱼和垃圾的争夺战[J]. 环球人文地理, 2018, (9): 44-53.

第七章　陆海信息综合体及其监管

第一节　陆海综合体监管理论框架

据统计，我国经法律授权编制的规划有80多种[1]。但由于规划编制部门分治，国民经济和社会发展规划、城乡规划、土地利用规划、环境保护规划以及其他各类规划之间内容重叠交叉，甚至冲突和矛盾的现象突出，不仅浪费了规划资源，而且导致资源配置在空间上缺乏统筹和协调。目前，陆域与海域没有综合信息（生态、环境、资源、海洋经济）立体监管手段，传统单一空间监测导致多个规划冲突、项目重复审批、项目区域重叠和产业经济监管困难等严重问题；同时，缺少解决信息共享问题的有效技术手段，各行各业之间的数据标准和接口不一致，造成海岸带管理出现很多的信息孤岛[2]。

基于陆海综合体的理论，构建了广西沿海陆海空间的无缝覆盖和动态综合监管“1+1+N”技术体系框架，即“1”个陆海综合体的动态监管理论，“1”套陆海综合体地理网格剖分技术参考框架、全国海域权属电子证书统一配号和动态监管预警关键技术的大数据信息处理技术和“N”个土地利用规划动态监测预警、海域动态使用监管、海籍调查及动态监管、海域海岛批后监管的广西陆海统筹、多元素多对象动态监管应用（图7-1）[3]。

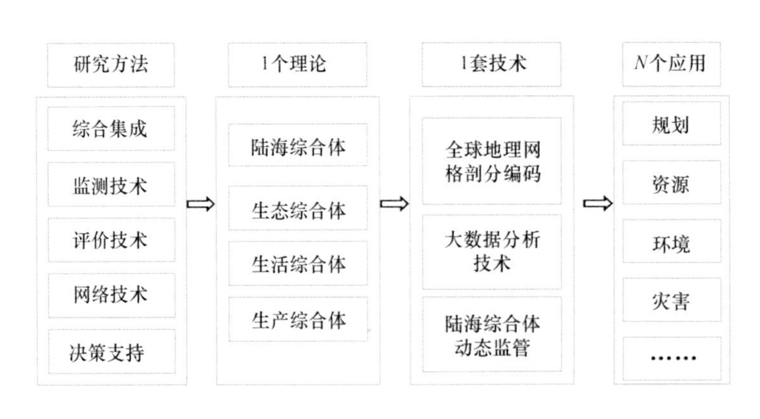

图7-1　陆海综合体的“1+1+N”技术体系框架

近年来，广西先后投入3200万元，在沿海重要港湾、河口、赤潮多发区等重点敏感区域布设17个环境监测浮标；安排近500万元，建设国内首个省级海洋放射性监测实验室；投入498万元，建设广西海洋防灾减灾风浪实时监控项目；在监测海域内设置海水水质监测站位111个、海洋生物多样性监测站位59个、海洋沉积物监测站位21个；这都为大数据平台的搭建奠定了坚实基础。

第二节　陆海综合体监管技术框架

本书的陆海综合体监管技术框架，融合了空间规划、土地利用、全国第二次土地调查、海洋经济、海域空间信息、海域使用现状、海洋公共资源、海洋生态环境等数据，对海洋综合数据进行网格化处理，通过构建大数据分布式存储中心，实现各种异构数据的集成、存储建模、挖掘计算与共享，此框架可以为后续开发各种智慧应用的数据集成平台提供数据。平台建设在充分调研各级海域部门的工作职能与具体业务需求的基础上，清晰梳理各类业务流程，开展以流程为导向的组织模式重组设计与软件开发工作，开发海域行政管理、海域监视监测管理、决策支持、辅助办公、对外信息发布平台等应用系统，发挥系统辅助海域行政管理、监视监测业务日常管理、领导指挥决策及为社会公众提供信息服务的作用[4]。

该平台主要划分为6层：陆海异构数据层、数据融合层、Hadoop集群层、数据分析层、行业应用层、用户层（图7-2）。

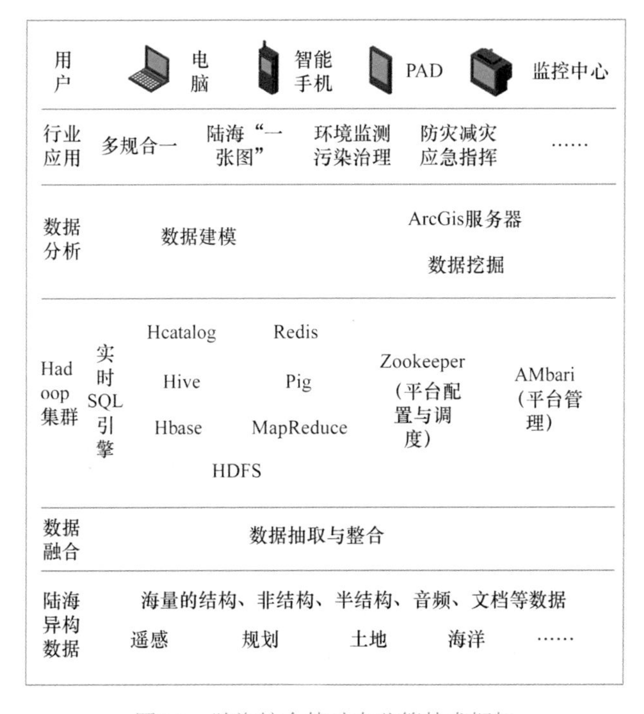

图7-2　陆海综合体动态监管技术框架

陆海综合体动态监管技术框架实现了海籍调查综合成果的入库，以及空间数据的拓扑处理、疑点疑区项目的动态跟踪管理、附件的自动关联及批量处理、自定义区域范围内的多元素数据综合统计分析等功能，实现了对陆海综合区域的任意拉框、导入自定义区域坐标、设置任意缓冲区等功能，以及对任意区域进行数据综合统计和利用现状分析，为土地规划、海域使用论证提供数据支撑[5]。分区子系统实现了多图层数据管理、海域疑点疑区项目动态跟踪管理、调查附件管理与图片浏览、自定义区域统计分析等功能。

（1）多图层数据管理

系统配备制图模板，包括图件的图名、注记、接图表、内外图廓、经纬网、四角坐标、比例尺、指北针、图例、制作单位、地图参数、图层要素等信息。同时提供多种工具实现对空间数据中的简单要素类、注记类、对象类等空间数据和属性数据的调阅与修改，实现数据的不同空间参考系之间的动态投影功能。

（2）海域疑点疑区项目动态跟踪管理

系统实现根据各种查询条件对疑点疑区项目进行查询，并能对所查询出的疑点疑区项目进行统计分析和数据导出。系统用于集中保存海籍业内核查的问题图斑，主要有权属重叠、缝隙、无登记现状用海等类型。系统提供分类查询、数据补测更新、数据导入导出、核查成果资料关联入库、元数据编辑、核查报告生成等功能。

（3）调查附件管理与图片浏览

系统提供附件上传、查询和下载功能，方便包括外业调查图片、证书、宗海图等附件的查看及管理。系统将附件与对应的地类图斑、拍照点关联起来，只能在一个独立的界面进行查询，不能达到一个更直观、更便捷的效果。

（4）自定义区域统计分析

系统对陆域和海域项目进行一些统计分析，包括：土地利用统计分析、宗海项目统计分析、行政区用海分析、海域使用论证缓冲区统计分析、拉框统计分析。方便用户自定义查询、查看陆域和海域的使用情况，并把统计结果以柱形图、饼状图、折线图展示出来（图7-3）。

第三节　陆海多源异构大数据融合技术

陆域和海洋的数据关系逐渐变得复杂，不仅在空间上存在重叠、交叉、缝隙等情况，而且涉及地理信息、测绘、地质、陆海生物、海洋物理、海洋化学、海洋气象、海洋经济、海岸带等许多研究领域，不同的领域采集数据的设备不同，信息处理的平台不同，数据存储的格式也不同，致使数据很难实现融合与共享[6]。

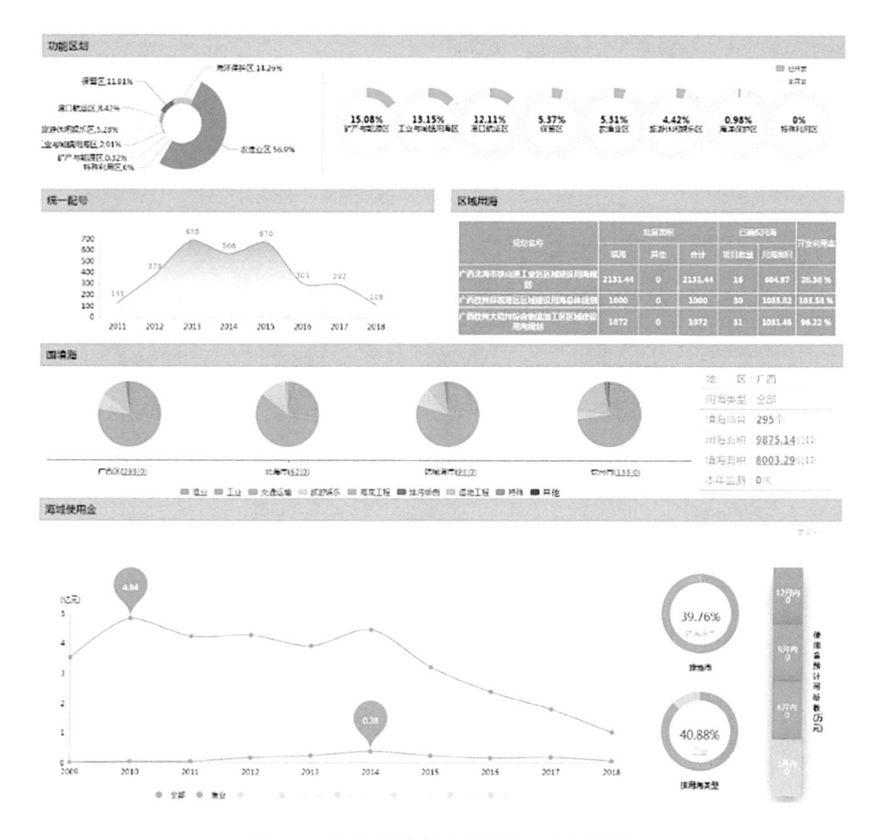

图7-3　陆海综合体大数据统计分析图

信息的融合就是在相对独立的管理平台上，对信息资源进行跨越网络、系统、数据库和应用各个层次的全方位管理、分析和整合，提高信息资源的利用率，最大限度地深层次开发利用现有信息资源。其主要目的是通过统一的信息资源平台，建设信息资源的一个存储应用中心，防止信息孤岛的形成，并在此基础上建立一个多渠道的信息共享空间，在规范化和安全化实现信息自由流动的同时，加强其与外部有效信息的交流和沟通[7]。

数据融合包含获取元数据并进行数据预处理、数据清洗、数据质量控制后写入目标存储库的过程（图7-4）。本书将Hadoop框架应用于陆海多源异构数据的集成、存储、分析等方面。Hadoop分布式计算开源框架提供了HDFS分布式文件系统和MapReduce分布式计算模型，并可提供跨计算机集群的分布式存储和计算环境。Hbase分布式开源数据库、Pig大规模数据分析工具、Hive数据仓库工具等大数据处理工具均可在Hadoop集群下完美运行（图7-5）。

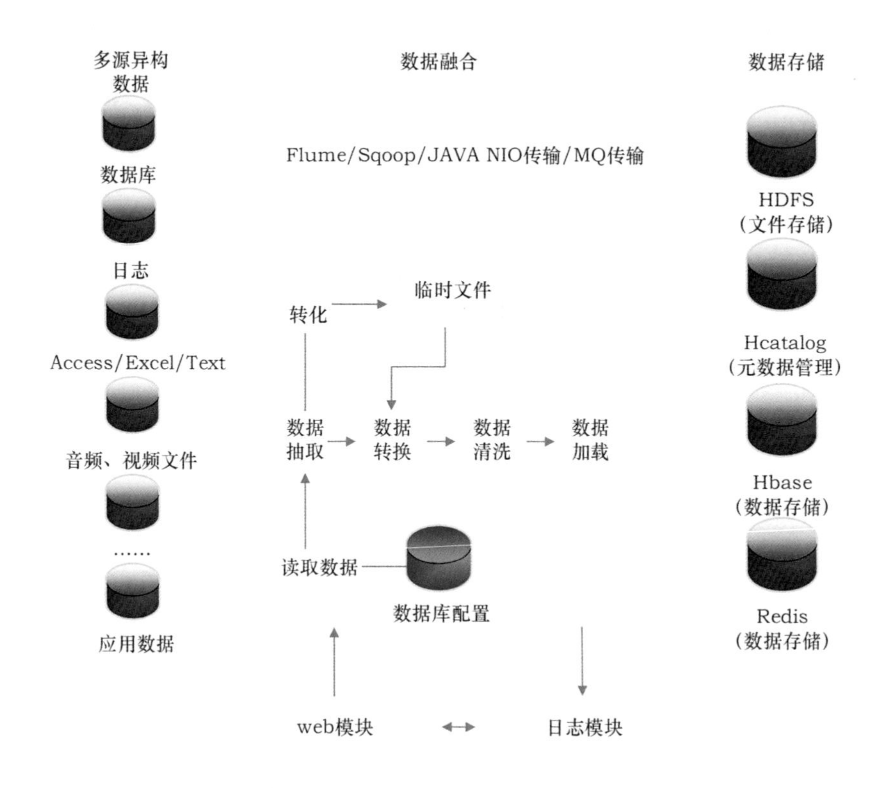

图7-4 多源异构数据融合框架

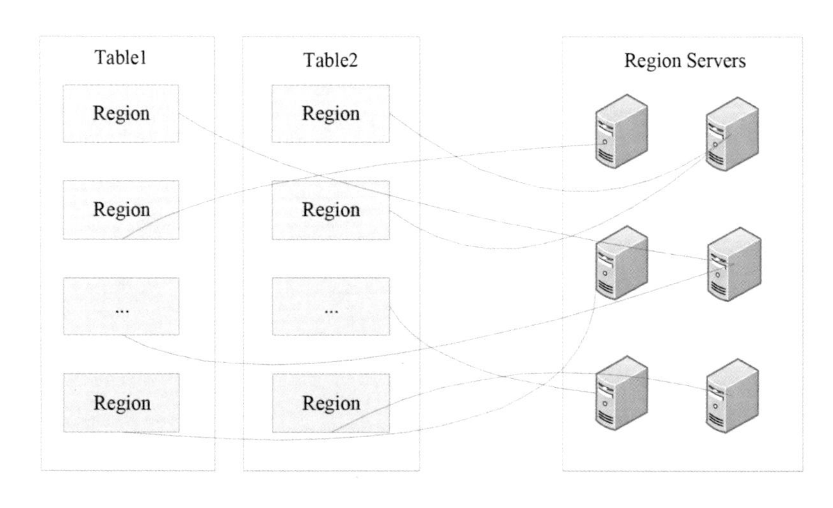

图7-5 Hbase物理存储结构

对陆海多源异构数据进行抽取与整合，将一些“脏”数据使用ETL工具进行清洗，同时ETL将一些离散、凌乱、标准不统一的数据进行整合，为平台系统的决策提供分析依据。另外，在传统管理信息系统的基础上，引用深度学习、专家系统、知识工程、知识图谱等现代科学方法和技术进行智能化设计并实施，形成一种新型智能化大数据集成与管理手段，它的功能不再局限于简单的查询和统计，而是追求更为完美的人机结合，最为先进的智能管理信息系统是人工智能和现代管理科学与信息系统相结合的产物。

本章参考文献

[1] 郇满, 李焰, 文莉莉. 基于改进ORM技术的海洋综合数据库管理系统[J]. 信息技术与信息化, 2018, 220(7):109-111.

[2] 宋树华, 程承旗, 濮国梁. 全球遥感数据剖分组织的GeoSOT网格应用[J]. 测绘学报, 2014, (8): 869-876.

[3] 胡晓光, 程承旗, 童晓冲. 基于GeoSOT-3D的三维数据表达研究[J]. 北京大学学报, 2015, 51(6):1021-1028.

[4] 张新, 姜晓轶, 仵倩玉, 等. 分布式网络环境下海洋大数据服务技术研究[J]. 海洋技术学报, 2018(4):76-81.

[5] 杨俊艳, 樊迪, 黄国平. 自然资源管理背景下的时空大数据平台建设[J]. 测绘通报, 2020, 514(01):127-130.

[6] 李晓明, 黄冰清, 贾童, 等. 星载合成孔径雷达海洋遥感与大数据[J]. 南京信息工程大学学报(自然科学版), 2020(2):191-203.

[7] 袁延艺, 金际航, 李海滨. 基于Hadoop的海洋环境信息分布式架构设计[J]. 海洋测绘, 2019, 191(06):82-85.

下　篇

陆海综合体监管体系实践
——以广西北部湾为例

第八章　广西北部湾陆海综合体动态监管技术标准与接口设计

第一节　GeoSOT-3D空间立体剖分框架

GeoSOT全称为“2n及整型一维数组的全球经纬度剖分网格”（geographical coordinates subdividing grid with one dimension integral coding on 2n-tree，GeoSOT），是一种将地球表面空间剖分为网格的剖分与编码方法[1]。GeoSOT框架的核心思想是将地球表面空间的经纬度扩展到512°×512°的空间，经纬度数值均定义在[−256°，256°]，使用等经纬度递归四叉树剖分的方法对地球表面细分，由于地球经纬度范围是经度[−180°，180°]、纬度[−90°，90°]，因此部分区域不属于实际的地理空间范围。对该空间进行多层次的规格划分，并对剖分单元进行编码，不属于实际地理空间范围的不再继续剖分[2]。GeoSOT-3D剖分框架是GeoSOT框架对地球球体剖分的扩展，是地球立体空间的剖分。

GeoSOT-3D含义如下。

设E为参考椭球体，其长半轴为a，扁率为f，表示为E（a，f），参见图8-1的中心红色椭球体，参考椭球体表面为EH，该表面上每一点高程为0。

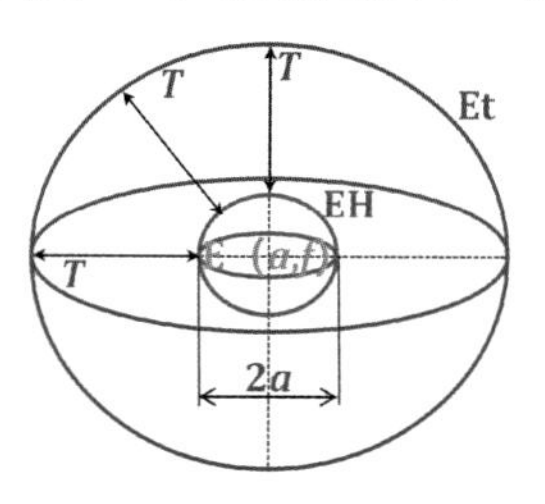

图8-1　地球立体空间

给定地球立体空间的最大高程为T，定义地球立体空间为G（E（a，f），T）=｛p|p点高程 ≤ T｝。该立体空间的表面曲面为Et=｛pt|pt点高程 = T｝。参见图8-1的蓝色曲面。

基于经纬度坐标的地球立体空间如图8-2所示，其原点为EH上本初子午线与赤道的交点。

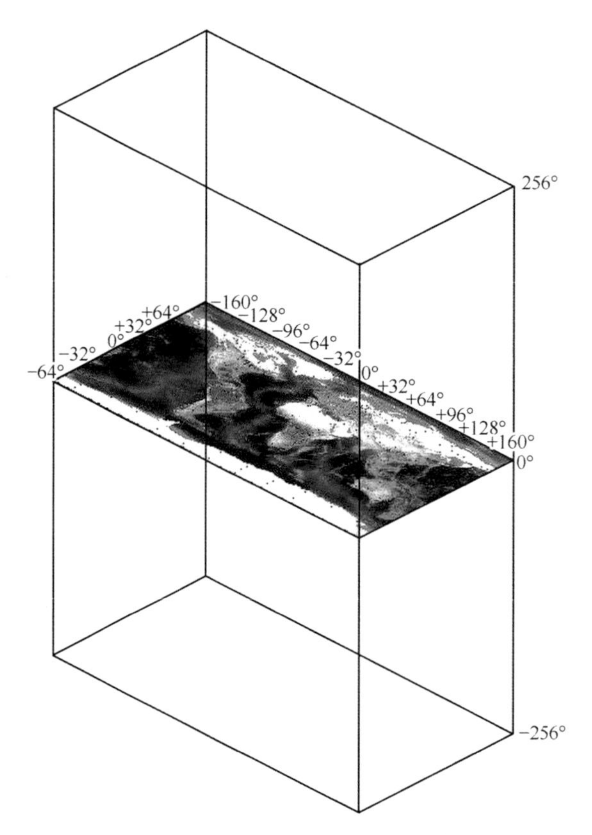

图8-2　基于经纬度坐标的地球立体空间

纬圈为等间隔、等长的直线，经圈为与纬线垂直的、等间隔、等长的直线，经线长度与纬线长度之比为1：2，北极点、南极点成为与纬线平行且等长的直线。经纬度单位采用度分秒，纬度范围是-90°～90°，经度范围是-180°～180°[3]。

在高程上，单位仍然是度分秒，范围是-256°～256°。根据参考椭球体参数，可以将高程单位转换为千米或米，如高程为256°，进行转换即（256°×π/180°）×地球平均半径（大约6371千米），约为28 500千米。在参考椭球面以下高程小于-180°/π时已没有实际地理意义，所以实际高程范围是-180°/π到256°（即-58°到256°），当高程单位为千米时就是-6371千米到28 500千米。

GeoSOT-3D立体网格由32级构成，GeoSOT-3D剖分0级网格定义为：在基于经纬度坐标的地球立体空间中，与其原点重合的512°方格，即将经纬度空间由-90°到90°与由-180°到180°都扩展至-256°到256°，此为GeoSOT剖分框架的第一次扩展，即度级扩展。0级网格对应区域是整个地球立体空间，参见图8-3（a）。

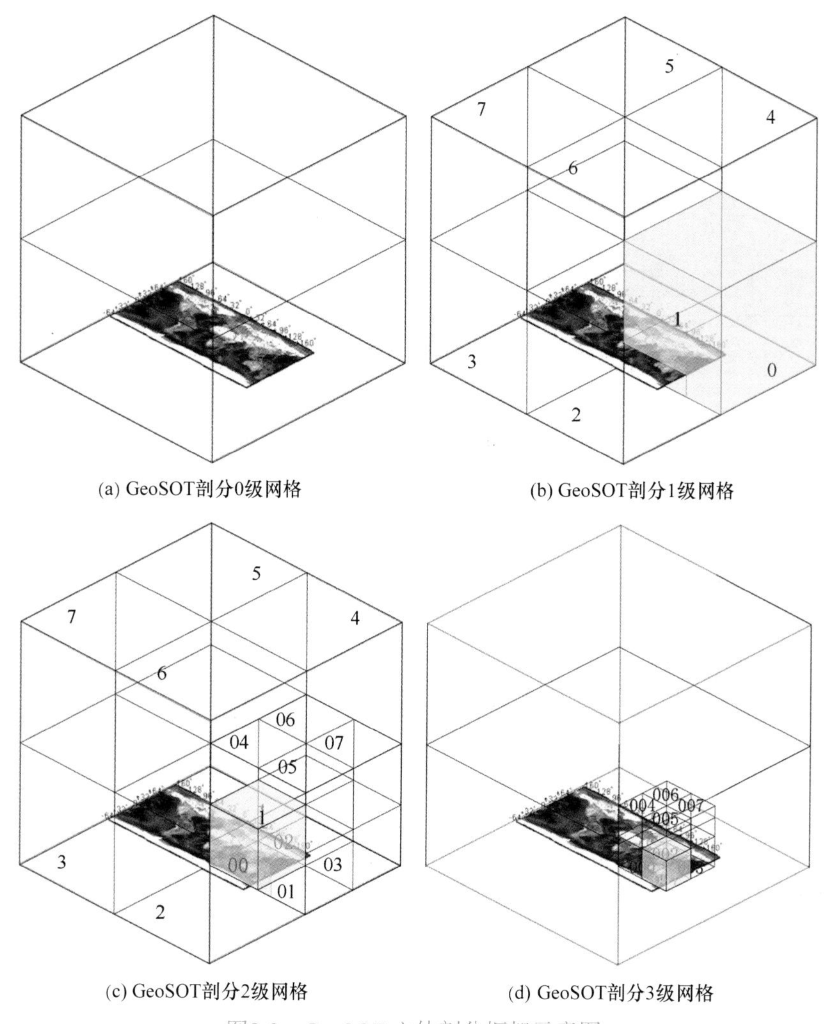

(a) GeoSOT剖分0级网格　　(b) GeoSOT剖分1级网格

(c) GeoSOT剖分2级网格　　(d) GeoSOT剖分3级网格

图8-3　GeoSOT立体剖分框架示意图

GeoSOT-3D剖分1级网格定义为：在0级网格基础上平均分为8份，每个1级网格大小为256°，参见图8-3（b）。GeoSOT-3D剖分2级网格定义为：在1级网格基础上平均分为8份，每个2级网格大小为128°，参见图8-3（c）。以此类推，GeoSOT-3D剖分3级网格参见图8-3（d）。至GeoSOT-3D剖分9级网格为度级网格，即1°网格。

图8-4为部分层级剖分网格的顶视图。从中可以看出，部分剖分网格再划分后超出了实际的地理区域，因此没有真实的地理含义，对此类剖分网格，我们不再进行划分。图8-5为部分层级剖分网格的实际形状。

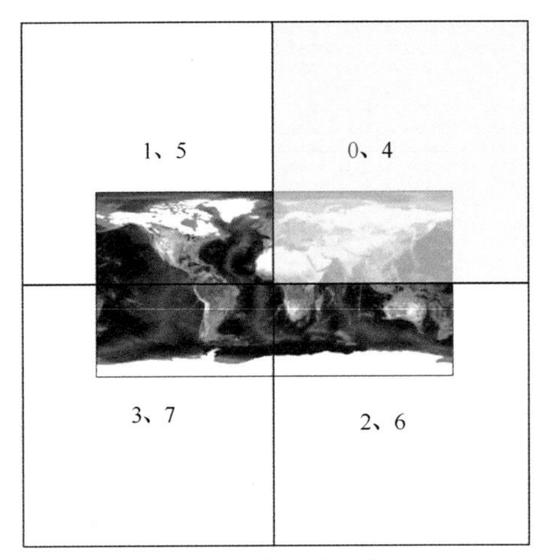

(a) GeoSOT剖分1级网格

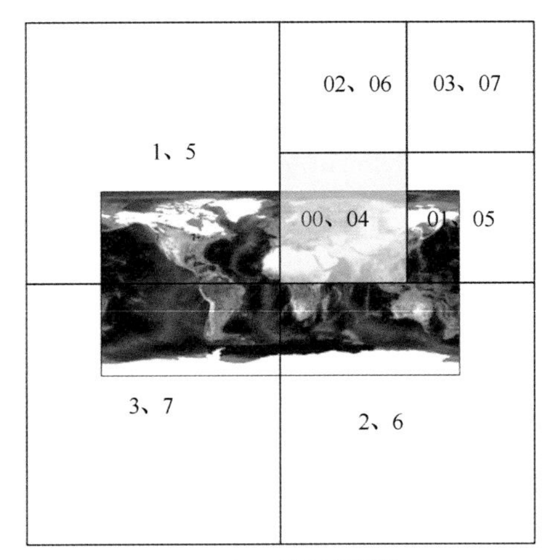

(b) GeoSOT剖分2级网格

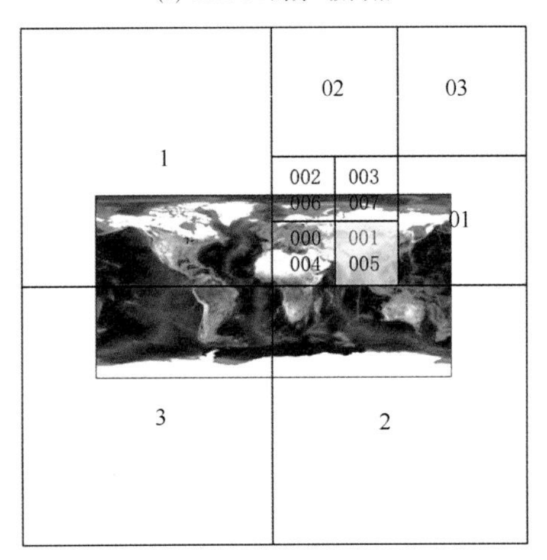

(c) GeoSOT剖分3级网格

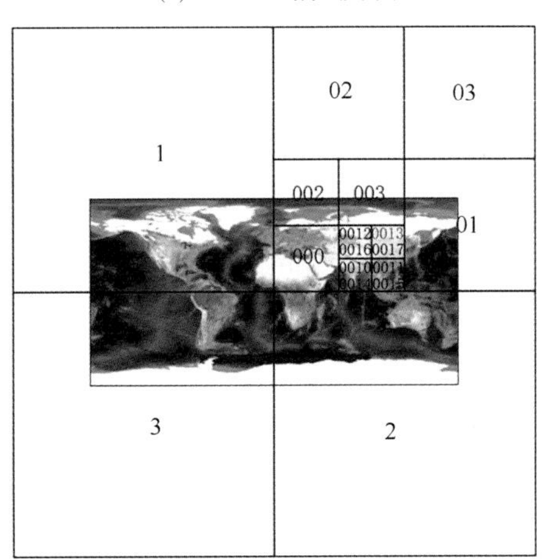

(d) GeoSOT剖分4级网格

图8-4　GeoSOT 立体剖分框架顶视图

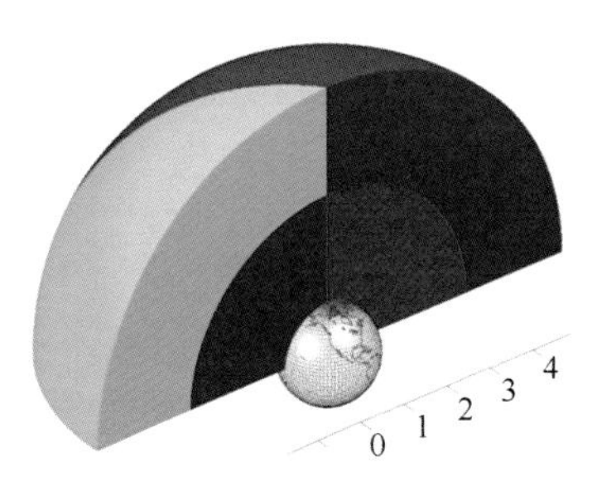

(a) GeoSOT剖分2级网格

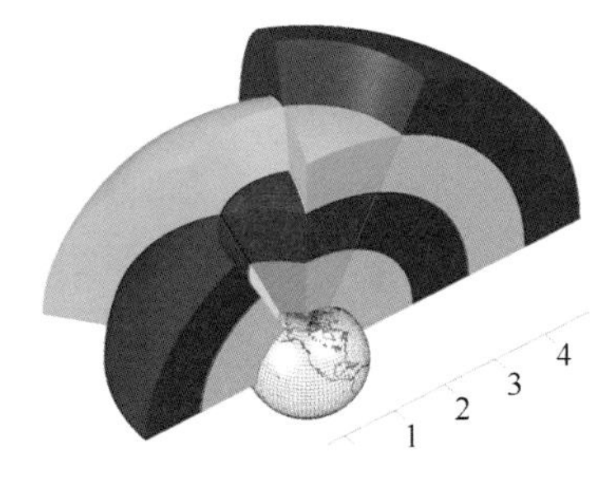

(b) GeoSOT剖分3级网格

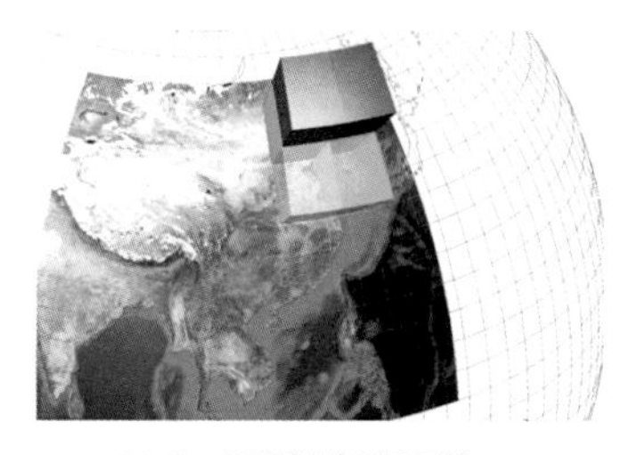

(c) GeoSOT剖分2级网格

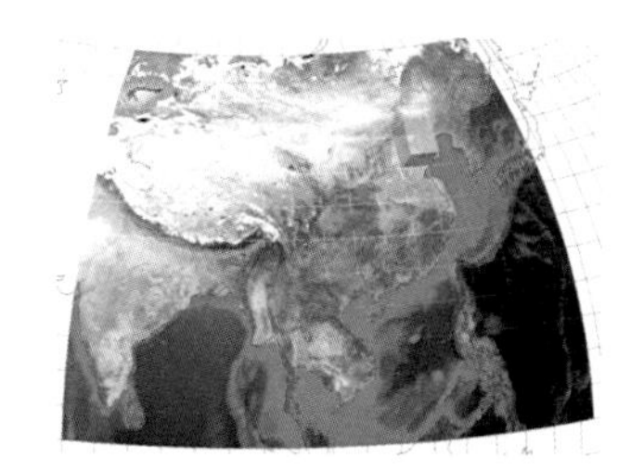

(d) GeoSOT剖分3级网格

图8-5　GeoSOT立体剖分框架实际形状

第10～15级网格为分级网格，第16～21级为秒级网格，第22～32级为秒以下网格。分级网格根节点与9级网格（1°网格）一一对应，但网格大小从60′扩展到64′，此为GeoSOT剖分框架的第二次扩展，即分级扩展。秒级网格根节点与15级网格（1′网格）一一对应，但网格大小从60″扩展到64″，此为GeoSOT剖分框架的第三次扩展，即秒级扩展。分级扩展与秒级扩展如图8-6所示。

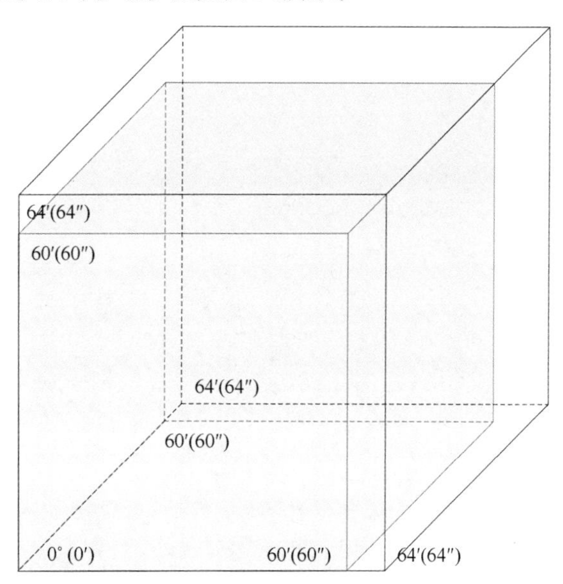

图8-6　分级网格与秒级网格的扩展方案

除涉及三次扩展的剖分层级外，其他层级都严格按照八叉树方法进行划分，由此形成0～32层级的完整GeoSOT剖分框架结构。上至50 000千米的太空，下至地心，大至整个地球空间，小至厘米级网格。表8-1为GeoSOT剖分框架各级网格大小与数量的统计。

表8-1 GeoSOT剖分框架网格一览表

层级	网格大小	大致尺度	GeoSOT网格数量	GeoSOT-3D层数	GeoSOT-3D网格数量
G	512°网格	全球	1	1	1
1	256°网格	1/4地球	4	2	8
2	128°网格		8	4	32
3	64°网格		24	8	192
4	32°网格		72	16	1 152
5	16°网格		288	32	9 216
6	8°网格	1 024千米网格	1 012	64	64 768
7	4°网格	512千米网格	3 960	128	506 880
8	2°网格	256千米网格	15 840	256	4 055 040
9	1°网格	128千米网格	63 360	512	32 440 320
10	32′网格	64千米网格	253 440	1 024	259 522 560
11	16′网格	32千米网格	1 013 760	2 048	2 076 180 480
12	8′网格	16千米网格	4 055 040	4 096	16 609 443 840
13	4′网格	8千米网格	14 256 000	7 680	1 095亿
14	2′网格	4千米网格	57 024 000	15 360	8 759亿
15	1′网格	2千米网格	228 096 000	30 720	70 071亿
16	32″网格	1千米网格	912 384 000	61 440	560 568亿
17	16″网格	512米网格	3 649 536 000	122 880	4 484 550亿
18	8″网格	256米网格	14 598 144 000	245 760	35 876 398亿
19	4″网格	128米网格	5 132 160万	460 800	23 649万亿
20	2″网格	64米网格	20 528 640万	921 600	189 192万亿
21	1″网格	32米网格	82 114 560万	1 843 200	1 513 535万亿
22	1/2″网格	16米网格	328 458 240万	3 686 400	12 108 284万亿
23	1/4″网格	8米网格	1 313 832 960万	7 372 800	96 866 276万亿
24	1/8″网格	4米网格	5 255 331 840万	14 745 600	77 493万万亿
25	1/16″网格	2米网格	21 021 327 360万	29 491 200	619 944万万亿
26	1/32″网格	1米网格	84 085 309 440万	58 982 400	4 959 553万万亿
27	1/64″网格	0.5米网格	336 341 237 760万	117 964 800	39 676 426万万亿
28	1/128″网格	25厘米网格	1 345 364 951 040万	235 929 600	31 741万万万亿
29	1/256″网格	12.5厘米网格	5 381 459 804 160万	471 859 200	253 929万万万亿
30	1/512″网格	6.2厘米网格	21 525 839 216 640万	943 718 400	2 031 433万万万亿
31	1/1 024″网格	3.1厘米网格	86 103 356 866 560万	1 887 436 800	16 251 464万万万亿
32	1/2 048″网格	1.5厘米网格	344 413 427 466 240万	3774 873 600	130 011 715万万万亿

第二节　陆海综合体的地理时空网格标准

为了发挥广西独特的陆海相邻优势，对接国家“一带一路”倡议，为建设面相东盟、南海和北部湾地区的海洋大数据中心提供数据标准支撑，同时更好地实现广西海域海岛时空和不动产登记大数据管理，广西壮族自治区海洋研究院与北京大学结合广西现有的数据库标准及业务需求，对GeoSOT系列时空网格剖分专利成果进行转化，编制广西海域地理网格编码数据标准草案。陆海时空信息网格使用了GeoSOT-3D空间立体剖分框架，作为地球球体空间剖分的基准。

（一）编码原理

广西陆海时空信息网格以本初子午线和参考椭球体赤道平面的交点为原点，采用的经纬度坐标系和参考椭球体遵循GJB 6304—2008的规定[4]。地球表面空间网格剖分的剖分空间采用的是经纬度的坐标空间，为了保证经纬高度的整度、整分、整秒划分，将地球空间扩展成2的整数次幂的经纬度空间，定义为512°×512°×512°网格，将每度的60′空间扩展到64′，将每分的60″空间扩展到64″（图8-7），按照八叉树方法逐级剖分至32级（表8-2），最小表达精度可精确到1.5厘米[5]。

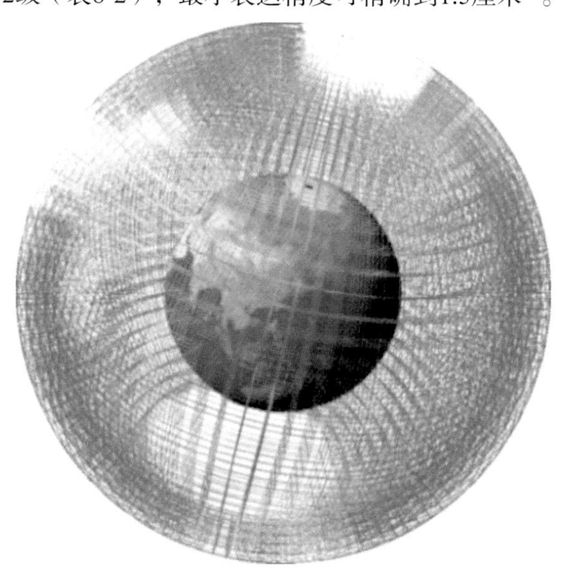

图8-7　剖分格网示意图

表8-2 各层级格网尺度统计表

层级	经纬跨度	赤道附近格网尺度	层级	经纬跨度	赤道附近格网尺度
G	512°	全球			
1	256°		17	16″	512米
2	128°		18	8″	256米
3	64°		19	4″	128米
4	32°		20	2″	64米
5	16°		21	1″	32米
6	8°	1024千米	22	1/2″	16米
7	4°	512千米	23	1/4″	8米
8	2°	256千米	24	1/8″	4米
9	1°	128千米	25	1/16″	2米
10	32′	64千米	26	1/32″	1米
11	16′	32千米	27	1/64″	0.5米
12	8′	16千米	28	1/128″	25厘米
13	4′	8千米	29	1/256″	12.5厘米
14	2′	4千米	30	1/512″	6.2厘米
15	1′	2千米	31	1/1024″	3.1厘米
16	32″	1千米	32	1/2048″	1.5厘米

扩展的经纬度坐标空间中180°×360°部分与实际地理空间一致，超过180°×360°部分没有实际地理意义。当高程固定为地球表面高度时，广西陆海时空信息网格即为地球平面网格。当不需要高程值时，使用平面网格即可[6]。

1. 编码原则与代码结构

1）所有的海域信息网格均作为编码对象，并赋予网格空间位置代码及发布时间代码。

2）海域信息网格编码一经产生，永久有效，不得变更。

3）海域信息网格编码各码段赋码应按空间编码及时间编码顺序从左至右依次进行。

4）海域信息网格编码应为特征组合码，并由33位字符组成。前32位为本体码，最后一位为校验码。本体码从左至右排列应依次为（图8-8）：24位海域信息网格空间编码段、8位时间编码段。

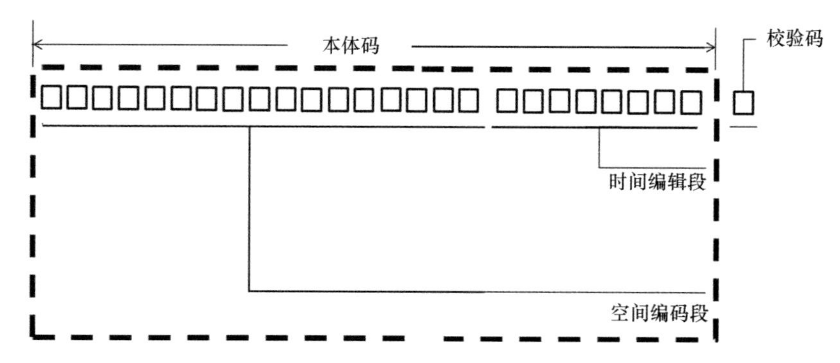

图8-8　海域信息网格编码结构图

2. 编码模型

广西陆海时空信息网格编码是一个具唯一性的网格编码，为十六进制一维整型编码，其由二进制一维基础编码转换而来[7]。二进制一维编码长度共96位，分为4段，27位度级编码、18位分级编码、18位秒级编码和33位秒以下编码。采用Z序编码模型，自第G层依次向下八分编码，下一级网格在上一级网格基础上继续进行Z序编码，赋予每一个剖分面片地球上的唯一编码[图8-9（a）]。但Z序编码方向与该网格所在的1级网格相关，如图8-9（b）所示，其中G0/G4网格对应东北半球、G1/G5网格对应西北半球、G2/G6网格对应东南半球、G3/G7网格对应西南半球。

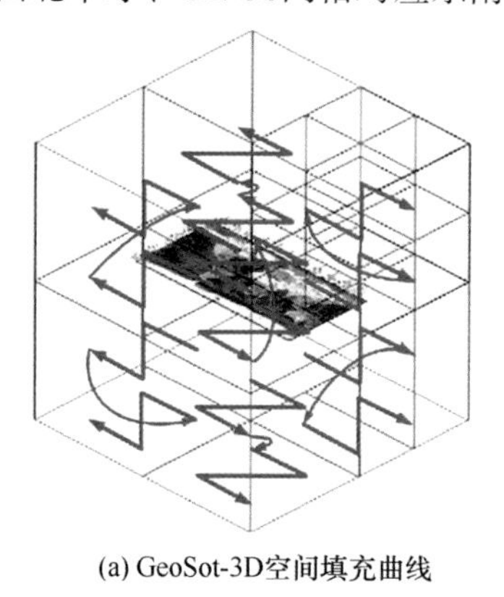

(a) GeoSot-3D空间填充曲线

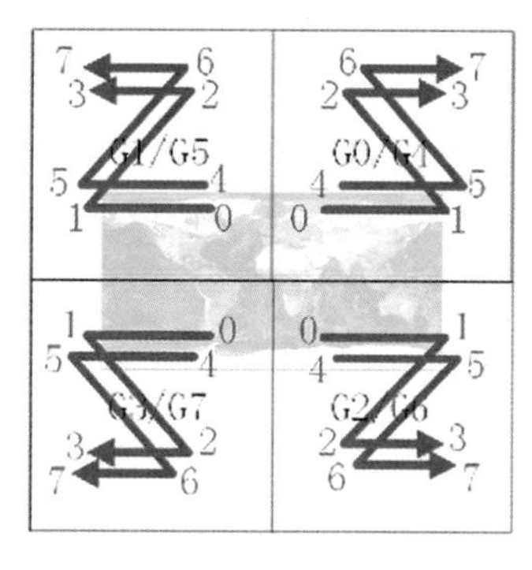

(b) GeoSot-3D编码顺序顶视图

图8-9　编码模型示意图

3. 编码方法

按照八分法对网格进行逐级剖分，图8-10中所示网格（用斜线填充）的纬向编码、经向编码和高度编码均采用二进制数值进行表示，则所示网格在1级网格上的纬向编码为1、经向编码为0、高度编码为0；在2级网格上的纬向编码为11、经向编码为00、高度编码为00；在3级网格上的纬向编码为111、经向编码为000、高度编码为

000；在4级网格上的纬向编码为1111、经向编码为0000、高度编码为0000。

对于给定数据的经纬高度以及时间点，按以下步骤生成广西陆海时空信息网格编码。

1）获取数据相关的经纬高度以及时间点。

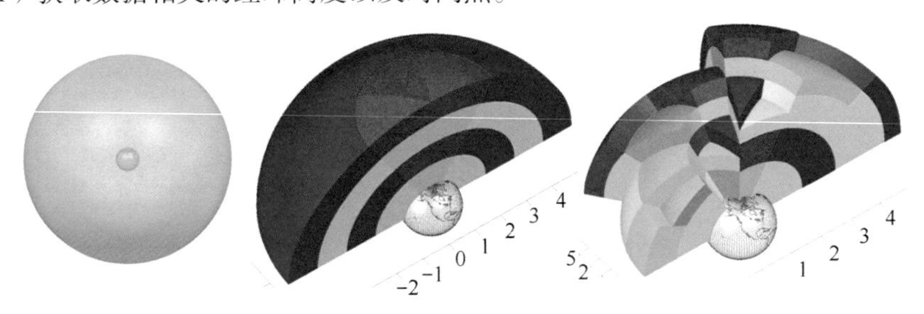

图8-10 编码层级示意图

2）将经纬高度表示为整度、整分以及秒×2048的形式，再将其转换为二进制数。逐位交叉操作，形成二进制一维编码，即构成海域信息网格编码中的空间位置编码。

3）将时间点按照年月日的形式形成时间编码。

4）组合空间编码和时间编码，构成本体码。

5）由本体码生成校验码，统一构成海域信息网格编码。

例如，给定数据的经纬高度为109.03°E，21.56°N，距地心高度6372千米（地表高度）。

先将高度转换为对应度数，其计算公式为：高度（单位：度）= 高度（单位：千米）/40 000（赤道周长，单位：千米）×360°，即57.348°H。

将度数表示的数据转换为二进制数。以经度为例，将其表示为度分秒形式：109°1′48.0″，对于度、分直接转换为二进制数，整度的第一位表示正负值，共9位，整分共6位，分别为：（001101101）2、（000001）2，再将秒及秒小数乘以2048（剖分网格的最小精度）后转换为二进制数，为（11000000000000000）2。经度就被转换为（00110110100000111000000000000000）2。纬度、高度同理，分别是（00001010110000110010000000000000）2和（00011100101010011010011001100110）2。根据逐位交叉的方法，形成空间编码。按照经纬高度各取一位的顺序取值，最终形成（000000100101011101110000111010001000000100011011110100001100000000010010000000001001000000001001000）2，对应十六进制数为025770E88237A18048048048。

将数据的时间点表示为时间编码，按年、月、日格式，如20170101。对于缺失时间的数据，此段缺省赋值为00000000。

组合空间编码和时间编码，形成本体码，并生成校验码，最终完成编码。

4. 数据的赋码规则

根据海域信息涉及的点、线、面、体数据形式以及隐含位置属性的非空间数据不同，海域信息网格编码的赋码规则有所不同，因此定义了点、线、面、体及非空间数据的赋码规则。

（1）点数据的赋码规则

海域信息中包含了大量点数据，如浮标数据等。针对这类点数据，其赋码规则如下：①确定点数据的定位点经纬高度；②点数据采用米级编码，对应网格层级26级。根据上一节设计的编码方法将定位点经纬度转换为对应的广西陆海时空信息网格编码的空间编码；③将数据的生成时间按照年、月、日的格式生成广西陆海时空信息网格编码的时间编码；④生成广西陆海时空信息网格编码的校验码；⑤将广西陆海时空信息网格编码作为管理点数据的主键存入数据库中，属性为指向原有数据库中点数据的指针。

实例可参照本节（二）部分。

（2）线数据的赋码规则

海域信息中包含了许多线数据，如海岸线数据等。针对线数据，其赋码规则如下：①确定线数据对应的点集合中的点的经纬高度；②依据线数据的覆盖范围选取适当层级，对于线跨度在1米及以下的采用26层级即可，对于线跨度在1～16米的数据采用22层级网格，对于线跨度在16～256米的数据采用18层级网格。根据上一节设计的点数据的赋码规则将线数据中的点集转换为广西陆海时空信息网格编码集合并去重；③将线对应的广西陆海时空信息网格编码集合作为管理线数据的主键分别存入数据库中，属性均为指向原有数据库中线数据的指针。

（3）面数据的赋码规则

海域信息中包含了许多面数据，如养殖场边界数据等。针对面数据，其赋码规则如下：①确定面数据边界对应的点集合中的点的经纬高度；②依据面数据所需求精度选取适当层级，需求精度小于等于1米时选取26层级，需求精度大于1米、小于等于16米时选取22层级，根据面数据的边界确定面数据覆盖的广西陆海时空信息网格，计算出其编码集合；③将面对应的广西陆海时空信息网格编码集合作为管理面数据的主键分别存入数据库中，属性均为指向原有数据库中面数据的指针。

（4）体数据的赋码规则

海域信息中包含了一部分体数据，如海域周边的场数据等。针对体数据，其赋码规则如下：①确定体数据边界对应的点集合中的点的经纬高度；②依据体数据的覆盖范围选取适当层级，根据体数据的边界确定体数据覆盖的广西陆海时空信息网格，计算出其编码集合；③将体对应的广西陆海时空信息网格编码集合作为管理体数据的主键分别存入数据库中，属性均为指向原有数据库中体数据的指针。

（5）非空间数据的赋码规则

海域信息中包含了一部分隐含位置信息的非空间数据，如北海市的经济数据等。针对这类非空间数据，其赋码规则如下：①确定非空间数据对应的位置，根据其位置表示的范围将其归类为点、线、面、体数据中的一类，查找相关数据库，确定该数据的描述范围；②依据上一节的空间数据赋码规则计算出其编码集合；③将非空间数据对应的广西陆海时空信息网格编码集合作为主键存入数据库中，属性均为指向原有数据库中非空间数据的指针。

（二）海域信息编码示例

1. 广西海域点数据信息编码示例

数据：经度为109.03°E；纬度为21.56°N；高度为距地心高度6372千米；时间为20170401（图8-11）。

图8-11　浮标点数据

根据上一节的编码规范，编码生成过程如下。

1）点数据采用米级编码，对应网格层级26级。

2）根据经纬高度计算出对应的空间位置网格编码：（000000100101011101110000 111010001000000100011011111010000110000000010010000000001001000000001001000）2，对应十六进制数为025770E88237A18048048048。

3）广西陆海时空信息网格编码的时间编码为20170401。

4）校验码为D。

得到的广西陆海时空信息网格编码为025770E88237A180480480482017040lD。

2. 广西海域线数据信息编码示例

8米管道某段数据：起点为39.69229137100°N、116.40528944800°E；终点为39.69229137100°N、116.40795146200°E（图8-12）。

图8-12　海岸线数据

根据上一节的编码规范，编码生成过程如下。

1）8米属于1～16米，线数据采用22级网格层级。

2）时间缺省赋值为00000000。

根据线经过的网格计算出编码集：526541868935151616000000000，526541868935151616000000000，526541868935413760000000000，526541868936200192000000000，526541868936462336000000000，526541868981288960000000000，526541868981551104000000000，526541868982337536000000000，526541868982599680000000000，526541868985483264000000000，526541868985745408000000000，526541868986531840000000000，526541868986793984000000000，526541868998066176000000000，526541868998328320000000000，526541868999114752000000000，526541868999376896000000000，526541869002260480000000000，526541869002522624000000000，526541869003309056000000000，526541869003571200000000000，526541869182615552000000000，526541869182877696000000000，526541869183664128000000000，526541869183926272000000000，526541869186809856000000000，526541869187072000000000000，526541869187858432000000000，526541869188120576000000000，526541869199392768000000000，526541869199654912000000000，526541869200441344000000000，526541869200703488000000000，526541869203587072000000000，

52654186920384921600000000，52654186920463564800000000，52654186920489779200000000，52654186924972441600000000，52654186924998656000000000，52654186925077299200000000。

3. 广西海域面数据信息编码示例

某矩形渔场，需求精度为米级，具体数据：左下角点为39.690°N、116.405°E；右上角点为39.692°N、116.410°E（图8-13）。

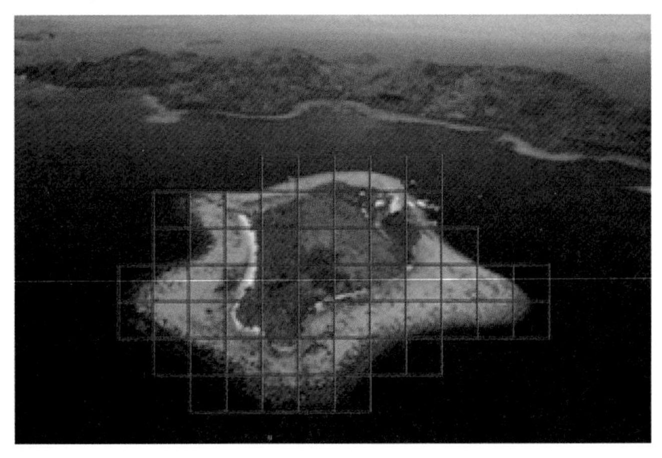

图8-13　海岛面数据

根据上一节的编码规范，编码生成过程如下。

1）需求精度为1米，面数据采用26级网格层级。

2）时间缺省赋值为00000000。

根据面覆盖的网格计算出编码集：52654186898653184000000000，52654186898679398400000000，52654186899806617600000000，52654186899832832000000000，52654186899911475200000000，52654186899937689600000000，52654186900226048000000000，52654186900252262400000000，52654186900330905600000000，52654186900357120000000000，52654186918261555200000000，52654186918287769600000000，52654186918366412800000000，52654186918392627200000000，52654186918680985600000000，52654186918707200000000000，52654186918785843200000000，52654186918812057600000000，52654186919939276800000000，52654186919965491200000000，52654186920044134400000000，52654186920070348800000000，52654186920358707200000000，52654186920384921600000000，52654186920463564800000000，52654186920489779200000000，52654186924972441600000000，52654186924998656000000000，52654186925077299200000000。

4. 广西海域体数据信息编码示例

某立方体磁场，需求精度为米级，具体数据：左下角点为39.690°N、116.405°E、57.348°H；右上角点为39.691°N、116.406°E、57.350°H（图8-14）。

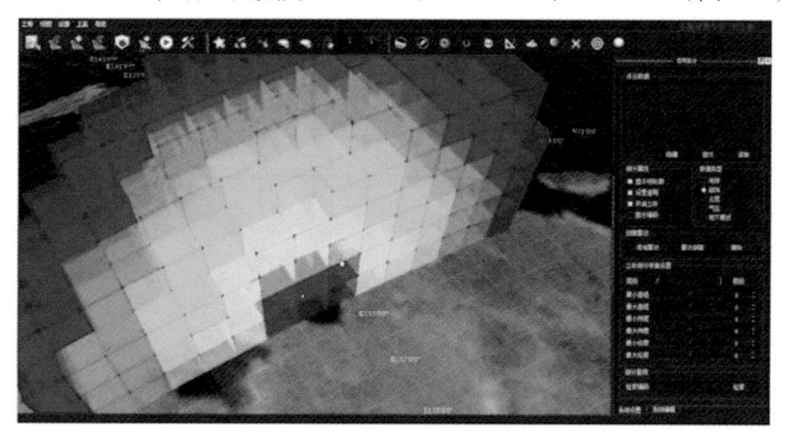

图8-14　电磁场体数据

根据上一节的编码规范，编码生成过程如下。

1）需求精度为1米，体数据采用26级网格层级。

2）时间缺省赋值为00000000。

根据体覆盖的网格计算出编码集：025770E88237A18048048048000000000A，025770E88237A180480500480000000000，025770E88237A18048052050000000000B，025770E88237A180480520520000000001，025770E88237A180480520540000000003，025770E88237A180520560480000000002，025770E88237A18052058048000000000C，025770E88237A180480520600000000004，025770E88237A180480520620000000005，025770E88237A180480520640000000006，025770E88237A180480520660000000008，025770E88237A180480520680000000005，025770E88237A180480520700000000009，025770E88237A180480540700000000000。

第三节　陆海综合体网格大数据监管平台的数据接口设计与实现

陆海综合体监管技术框架，融合了空间规划、土地利用、海洋经济、海域空间信息、海域使用现状、海洋公共资源、海洋生态环境等数据，对海洋综合数据进行网格化处理，通过构建大数据分布式存储中心，实现各种异构数据的集成、存储建模、挖掘计算与共享，此框架可为后续开发各种智慧应用服务平台提供基础框架。

平台建设在充分调研各级海域部门的工作职能与具体业务需求的基础上，清晰梳理各类业务流程，开展以流程为导向的组织模式重组设计与软件开发工作，开发海域行政管理、海域监视监测管理、决策支持、辅助办公、对外信息发布平台等应用系统，发挥系统辅助海域行政管理、监视监测业务日常管理、领导指挥决策及为社会公众提供信息服务的作用。

1. 地区数据表

（1）功能分析

实现系统管理员对该模块数据的查询（按照动态列，配置数据结构中所有字段）。

（2）数据结构见表8-3。

表8-3　地区数据表

字段名	字段描述	数据类型	长度	可空	约束	缺省值	备注
行政区域名称	行政区域名称	VARCHAR2(50)	2				
行政区域代码	行政区域代码	VARCHAR2(50)	20				
上级行政区域代码	上级行政区域代码	VARCHAR2(50)	50				
GeoSOT编码	GeoSOT编码	VARCHAR2(50)	1				

注：VARCHAR2(*n*)表示*n*个字节长度的字符串

2. 确权项目基本统计表

（1）功能分析

实现系统管理员对该模块数据的查询（按照动态列，配置数据结构中所有字段）。

（2）数据结构见表8-4。

表8-4　确权项目基本统计表

字段名	字段描述	数据类型	长度	可空	约束	缺省值	备注
行政区域名称	行政区域名称	VARCHAR2(50)	2				
行政区域代码	行政区域代码	VARCHAR2(50)	20				
上级行政区域代码	上级行政区域代码	VARCHAR2(50)	50				
GeoSOT编码	GeoSOT编码	VARCHAR2(50)	1				

注：VARCHAR2(*n*)表示*n*个字节长度的字符串

3. 其他地类基本统计表

（1）功能分析

实现系统管理员对该模块数据的查询（按照动态列，配置数据结构中所有字段）。

（2）数据结构见表8-5和表8-6。

表8-5　其他地类统计基本统计表

字段名	字段描述	数据类型	长度	可空	约束	缺省值	备注
统计名称		VARCHAR2(100)	100				区别不同统计
统计日期		VARCHAR2(50)	50				
行政区域名称		VARCHAR2(100)	100				
行政区域代码		VARCHAR2(50)	50				
图斑编号		NUMBER(20)	20				
合计		Float				0	四舍五入保留两位小数，计算方式：从耕地_13项到其他土地_24项求和
耕地_13		Float				0	四舍五入保留两位小数，计算方式：字段编号为13开头求和
水田_131		Float				0	四舍五入保留两位小数
水浇地_132		Float				0	四舍五入保留两位小数
旱地_133		Float				0	四舍五入保留两位小数
园地_14		Float				0	四舍五入保留两位小数，计算方式：字段编号为14开头求和
果园_141		Float				0	四舍五入保留两位小数
茶园_142		Float				0	四舍五入保留两位小数
其他园地_143		Float				0	四舍五入保留两位小数
林地_15		Float				0	四舍五入保留两位小数，计算方式：字段编号为15开头求和
有林地_151		Float				0	四舍五入保留两位小数
灌木林地_152		Float				0	四舍五入保留两位小数
其他林地_153		Float				0	四舍五入保留两位小数
红树林_154		Float				0	四舍五入保留两位小数
草地_16		Float				0	四舍五入保留两位小数，计算方式：字段编号为16开头求和
天然牧草地_161		Float				0	四舍五入保留两位小数
人工牧草地_162		Float				0	四舍五入保留两位小数
其他草地_163		Float				0	四舍五入保留两位小数

续表

字段名	字段描述	数据类型	长度	可空	约束	缺省值	备注
商服用地_17		Float				0	四舍五入保留两位小数，计算方式：字段编号为17开头求和
批发零售用地_171		Float				0	四舍五入保留两位小数
住宿餐饮用地_172		Float				0	四舍五入保留两位小数
商务金融用地_173		Float				0	四舍五入保留两位小数
其他商服用地_174		Float				0	四舍五入保留两位小数
工矿仓储用地_18		Float				0	四舍五入保留两位小数，计算方式：字段编号为18开头求和
工业用地_181		Float				0	四舍五入保留两位小数
采矿用地_182		Float				0	四舍五入保留两位小数
仓储用地_183		Float				0	四舍五入保留两位小数
盐田_184		Float				0	四舍五入保留两位小数
住宅用地_19		Float				0	四舍五入保留两位小数，计算方式：字段编号为19开头求和
城镇住宅用地_191		Float				0	四舍五入保留两位小数
农村宅基地_192		Float				0	四舍五入保留两位小数
公共管理与公共服务用地_20		Float				0	四舍五入保留两位小数，计算方式：字段编号为20开头求和
机关团体用地_201		Float				0	四舍五入保留两位小数
新闻出版用地_202		Float				0	四舍五入保留两位小数
科教用地_203		Float				0	四舍五入保留两位小数
医卫慈善用地_204		Float				0	四舍五入保留两位小数
文体娱乐用地_205		Float				0	四舍五入保留两位小数
公共设施用地_206		Float				0	四舍五入保留两位小数
公园与绿地_207		Float				0	四舍五入保留两位小数

续表

字段名	字段描述	数据类型	长度	可空	约束	缺省值	备注
风景名胜设施用地_208		Float				0	四舍五入保留两位小数
特殊用地_21		Float				0	四舍五入保留两位小数，计算方式：字段编号为21开头求和
军事设施用地_211		Float				0	四舍五入保留两位小数
使领馆用地_212		Float				0	四舍五入保留两位小数
监教场所用地_213		Float				0	四舍五入保留两位小数
宗教用地_214		Float				0	四舍五入保留两位小数
殡葬用地_215		Float				0	四舍五入保留两位小数
交通运输用地_22		Float				0	四舍五入保留两位小数，计算方式：字段编号为22开头求和
铁路用地_221		Float				0	四舍五入保留两位小数
公路用地_222		Float				0	四舍五入保留两位小数
街巷用地_223		Float				0	四舍五入保留两位小数
农村道路_224		Float				0	四舍五入保留两位小数
机场用地_225		Float				0	四舍五入保留两位小数
港口码头用地_226		Float				0	四舍五入保留两位小数
管道运输用地_227		Float				0	四舍五入保留两位小数
水域及水利设施用地_23		Float				0	四舍五入保留两位小数，计算方式：字段编号为23开头求和
沿海滩涂_231		Float				0	四舍五入保留两位小数
内陆滩涂_232		Float				0	四舍五入保留两位小数
沟渠_233		Float				0	四舍五入保留两位小数
水工建筑用地_234		Float				0	四舍五入保留两位小数
冰川及永久积雪_235		Float				0	四舍五入保留两位小数
养殖池塘_236		Float				0	四舍五入保留两位小数
河口水域_237		Float				0	四舍五入保留两位小数
海域水面_238		Float				0	四舍五入保留两位小数

续表

字段名	字段描述	数据类型	长度	可空	约束	缺省值	备注
水库水面_239		Float				0	四舍五入保留两位小数
其他土地_24		Float				0	四舍五入保留两位小数，计算方式：字段编号为24开头求和
空闲地_241		Float				0	四舍五入保留两位小数
设施农用地_242		Float				0	四舍五入保留两位小数
田坎_243		Float				0	四舍五入保留两位小数
盐碱地_244		Float				0	四舍五入保留两位小数
沼泽地_245		Float				0	四舍五入保留两位小数
沙地_246		Float				0	四舍五入保留两位小数
裸地_247		Float				0	四舍五入保留两位小数

注：VARCHAR2(*n*)表示*n*个字节长度的字符串；NUMBER(*n*)表示*n*位长度的整数；Float表示浮点数

表8-6　其他地类统计——按权属统计表

（单位：公顷）

字段名	字段描述	数据类型	长度	可空	约束	缺省值	备注
统计名称		VARCHAR2(100)	100				区别不同统计
统计日期		VARCHAR2(50)	50				
行政区域名称		VARCHAR2(100)	100				
行政区域代码		VARCHAR2(50)	50				
证书编号		VARCHAR2(50)	50				
项目名称		VARCHAR2(500)	500				
海域使用权人		VARCHAR2(500)	500				
用途		VARCHAR2(500)	500				
耕地_13		Float				0	四舍五入保留两位小数，计算方式：字段编号为13开头求和
水田_131		Float				0	四舍五入保留两位小数
水浇地_132		Float				0	四舍五入保留两位小数
旱地_133		Float				0	四舍五入保留两位小数
园地_14		Float				0	四舍五入保留两位小数，计算方式：字段编号为14开头求和
果园_141		Float				0	四舍五入保留两位小数

续表

字段名	字段描述	数据类型	长度	可空	约束	缺省值	备注
茶园_142		Float				0	四舍五入保留两位小数
其他园地_143		Float				0	四舍五入保留两位小数
林地_15		Float				0	四舍五入保留两位小数，计算方式：字段编号为15开头求和
有林地_151		Float				0	四舍五入保留两位小数
灌木林地_152		Float				0	四舍五入保留两位小数
其他林地_153		Float				0	四舍五入保留两位小数
红树林_154		Float				0	四舍五入保留两位小数
草地_16		Float				0	四舍五入保留两位小数，计算方式：字段编号为16开头求和
天然牧草地_161		Float				0	四舍五入保留两位小数
人工牧草地_162		Float				0	四舍五入保留两位小数
其他草地_163		Float				0	四舍五入保留两位小数
商服用地_17		Float				0	四舍五入保留两位小数，计算方式：字段编号为17开头求和
批发零售用地_171		Float				0	四舍五入保留两位小数
住宿餐饮用地_172		Float				0	四舍五入保留两位小数
商务金融用地_173		Float				0	四舍五入保留两位小数
其他商服用地_174		Float				0	四舍五入保留两位小数
工矿仓储用地_18		Float				0	四舍五入保留两位小数，计算方式：字段编号为18开头求和
工业用地_181		Float				0	四舍五入保留两位小数
采矿用地_182		Float				0	四舍五入保留两位小数
仓储用地_183		Float				0	四舍五入保留两位小数
盐田_184		Float				0	四舍五入保留两位小数
住宅用地_19		Float				0	四舍五入保留两位小数，计算方式：字段编号为19开头求和

续表

字段名	字段描述	数据类型	长度	可空	约束	缺省值	备注
城镇住宅用地_191		Float				0	四舍五入保留两位小数
农村宅基地_192		Float				0	四舍五入保留两位小数
公共管理与公共服务用地_20		Float				0	四舍五入保留两位小数，计算方式：字段编号为20开头求和
机关团体用地_201		Float				0	四舍五入保留两位小数
新闻出版用地_202		Float				0	四舍五入保留两位小数
科教用地_203		Float				0	四舍五入保留两位小数
医卫慈善用地_204		Float				0	四舍五入保留两位小数
文体娱乐用地_205		Float				0	四舍五入保留两位小数
公共设施用地_206		Float				0	四舍五入保留两位小数
公园与绿地_207		Float				0	四舍五入保留两位小数
风景名胜设施用地_208		Float				0	四舍五入保留两位小数
特殊用地_21		Float				0	四舍五入保留两位小数，计算方式：字段编号为21开头求和
军事设施用地_211		Float				0	四舍五入保留两位小数
使领馆用地_212		Float				0	四舍五入保留两位小数
监教场所用地_213		Float				0	四舍五入保留两位小数
宗教用地_214		Float				0	四舍五入保留两位小数
殡葬用地_215		Float				0	四舍五入保留两位小数
交通运输用地_22		Float				0	四舍五入保留两位小数，计算方式：字段编号为22开头求和
铁路用地_221		Float				0	四舍五入保留两位小数
公路用地_222		Float				0	四舍五入保留两位小数

续表

字段名	字段描述	数据类型	长度	可空	约束	缺省值	备注
街巷用地_223		Float				0	四舍五入保留两位小数
农村道路_224		Float				0	四舍五入保留两位小数
机场用地_225		Float				0	四舍五入保留两位小数
港口码头用地_226		Float				0	四舍五入保留两位小数
管道运输用地_227		Float				0	四舍五入保留两位小数
水域及水利设施用地_23		Float				0	四舍五入保留两位小数，计算方式：字段编号为23开头求和
沿海滩涂_231		Float				0	四舍五入保留两位小数
内陆滩涂_232		Float				0	四舍五入保留两位小数
沟渠_233		Float				0	四舍五入保留两位小数
水工建筑用地_234		Float				0	四舍五入保留两位小数
冰川及永久积雪_235		Float				0	四舍五入保留两位小数
养殖池塘_236		Float				0	四舍五入保留两位小数
河口水域_237		Float				0	四舍五入保留两位小数
海域水面_238		Float				0	四舍五入保留两位小数
水库水面_239		Float				0	四舍五入保留两位小数
其他土地_24		Float				0	四舍五入保留两位小数，计算方式：字段编号为24开头求和
空闲地_241		Float				0	四舍五入保留两位小数
设施农用地_242		Float				0	四舍五入保留两位小数
田坎_243		Float				0	四舍五入保留两位小数
盐碱地_244		Float				0	四舍五入保留两位小数
沼泽地_245		Float				0	四舍五入保留两位小数
沙地_246		Float				0	四舍五入保留两位小数
裸地_247		Float				0	四舍五入保留两位小数

注：VARCHAR2(*n*)表示*n*个字节长度的字符串；NUMBER(*n*)表示*n*位长度的整数；Float表示浮点数

4. 其他地类权属表

（1）功能分析

实现系统管理员对该模块数据的查询（按照动态列，配置数据结构中所有字段）

（2）数据结构见表8-7。

表8-7　其他地类统计权属表

字段名	字段描述	数据类型	长度	可空	约束	缺省值	备注
行政区域名称	行政区域名称	VARCHAR2(50)	2				
行政区域代码	行政区域代码	VARCHAR2(50)	20				
上级行政区域代码	上级行政区域代码	VARCHAR2(50)	50				
GeoSOT编码	GeoSOT编码	VARCHAR2(50)	1				

注：VARCHAR2(*n*)表示*n*个字节长度的字符串

5. 钦州市指标监测表

（1）功能分析

实现系统管理员对该模块数据的查询（按照动态列，配置数据结构中所有字段）。

（2）数据结构见表8-8。

表8-8　钦州市指标监测表

字段名	字段描述	数据类型	长度	可空	约束	缺省值	备注
区分		VARCHAR2(50)	50				查询条件
一级指标		VARCHAR2(500)					
二级指标		VARCHAR2(500)					
钦南区		Float					
钦北区		Float					
灵山县		Float					
浦北县		Float					

注：VARCHAR2(*n*)表示*n*个字节长度的字符串；Float表示浮点数

6. 钦州市人均城镇工矿用地表

（1）功能分析

实现系统管理员对该模块数据的查询（按照动态列，配置数据结构中所有字段）。

（2）数据结构见表8-9。

表8-9　钦州市人均城镇工矿用地表

字段名	字段描述	数据类型	长度	可空	约束	缺省值	备注
区分		VARCHAR2(50)	50				
一级指标		VARCHAR2(500)					
二级指标		VARCHAR2(500)					
城镇人口（万人）		Float					
城镇工矿用地面积（公顷）		Float					
人均值（m^2/人）		Float					

注：VARCHAR2(*n*)表示*n*个字节长度的字符串；Float表示浮点数

7. 钦州市扩展性指标监测表

（1）功能分析

实现系统管理员对该模块数据的查询（按照动态列，配置数据结构中所有字段）。

（2）数据结构见表8-10。

表8-10　钦州市扩展性指标监测表

字段名	字段描述	数据类型	长度	可空	约束	缺省值	备注
区分		VARCHAR2(50)	50				
一级指标		VARCHAR2(500)					
二级指标		VARCHAR2(500)					
单位建设用地GDP产出率		Float					
单位建设用地二三产出率		Float					
建设用地固定资产投资强度		Float					
建设用地集约利用相对弹性系数		Float					
C1监测区土地利用动态度		Float					
C2监测区土地利用率		Float					
C3监测区土地信息熵		Float					

注：VARCHAR2(*n*)表示*n*个字节长度的字符串；Float表示浮点数

本章参考文献

[1] 廖永丰, 李博, 吕雪锋. 基于GeoSOT编码的多元灾害数据一体化组织管理方法研究[J]. 地理与地理信息科学, 2013, (5):36-40.
[2] 安丰光, 宋树华, 罗旭. 基于GeoSOT的遥感影像云索引模型研究[J]. 地理与地理信息科学, 2014, 30(5):22-25.
[3] 陆楠, 伍学民, 程承旗. 基于GeoSOT地理网格的环境信息标识与检索方法[J]. 河北农业大学学报, 2015, (6):129-134.
[4] 王妍程, 蔡列飞, 候继虎. 基于GeoSOT模型的地理国情监测多级网格信息统计[J].地理空间信息、2016, 77(1):8-13.
[5] 邬满, 练君, 文莉莉, 等. 基于大数据的铜矿地质灾害立体监测网络体系的研究[J]. 世界有色金属, 2017, (6):164-167.
[6] 曹英志, 韩志聪, 田洪军, 等. 大数据时代海域综合数据挖掘分析技术探讨[J]. 海洋信息, 2018, (2):43-47.
[7] 程承旗. 基于地图分幅拓展的全球剖分模型及其地址编码研究[J]. 测绘学报(EI), 2010, (3):295-302.

第九章　广西北部湾陆海综合体动态监管新方法技术应用

第一节　基于天空地海的立体监测网络

1. 天空地海一体化立体监测网络体系架构

数据是海洋灾害预警及防灾减灾分析工作的基础，只有收集了足量的数据，我们才能对灾情的发展趋势、受灾程度、救灾和灾后重建工作做出准确分析与指导。因此，我们要建立立体化的海洋防灾减灾监测网络体系（图9-1），综合利用卫星、航空、地面、水上、水下监测的多源数据，从各个角度和层次，收集充分、及时的海洋灾害信息，构建从数据获取、处理、分析到应用服务的天空地海综合监测技术体系。海洋防灾减灾的天空地海立体监测网络体系，是由中低空的遥感测绘平台、航天测绘卫星、航拍飞机、无人机、陆地监测车、手持终端、地面通信基站、海上监测船、海上监测浮标、无人船、无人潜艇等共同构成的一体化、信息化监测网络体系[1]。

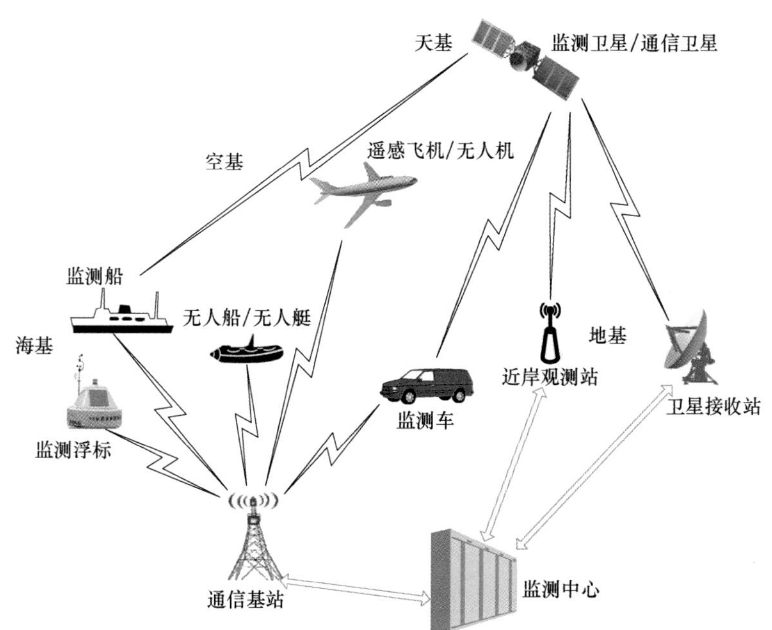

图9-1　天空地海一体化立体监测网络体系架构图

2. 天基——遥感卫星监测

遥感技术是充分利用现有数据和信息资源的最佳途径，是实现海洋资源与环境可持续发展的关键技术和重要手段，在全球变化、资源调查、环境监测与预测中起着其他技术无法替代的作用。海洋遥感监测的主要内容包括：海面风场、海表温度、海表盐度、海色、海浪、海面高度、内波、大洋环流、海洋气候、海冰、海洋污染物、鱼群迁徙等。由于遥感监测具有覆盖范围广、频度高、实时性好、能周期性长时间监测等特点，在海洋监测中可以发挥非常重要的作用，对于海洋防灾减灾也具有非常重要的现实意义，主要表现在以下几个方面。

1）可用于对海岸开发、海岸线及海堤保护情况进行监测。

2）可用于对海洋水质、水温、悬浮物、赤潮、油污及其他水体污染等状况进行监测。

3）可用于对台风、海啸、漫滩漫堤、海浪、海冰等海洋灾害进行动态监测。

3. 空基——遥感飞机/无人机监测

遥感飞机是海洋监测重要的遥感平台，有着卫星遥感不可替代的作用。对于采集范围较大的区域，可以采用遥感飞机进行航拍监测。随着无人机技术的发展，利用无人机搭载遥感传感器，可以快速、实时地获取受灾区域的影像和其他监测数据，能够实现快速、准确、客观地对受灾情况进行灾前、灾中、灾后全面监测和评估。由于具有携带便捷、操作方便、采集快速、成本低等特点，无人机监测被广泛应用到海洋监测中，并且可以在海洋防灾减灾中发挥重要的作用。

（1）海洋灾害频发区域的重点监测

利用无人机/遥感飞机加强对海洋灾害频发区域的重点监测，加强对海堤、海滩、海岛、海岸线等重点项目的巡检，调查海冰、赤潮、海洋污染的分布及扩散趋势，统计分析出海洋灾害的发生和扩散规律，做到海洋灾害提前预警，以及灾中受灾程度评估分析，以便及时采取防灾减灾措施，将损失降到最低。

（2）灾后受灾情况评估及灾后重建监测

对无人机/遥感飞机获取的受灾区域影像、视频等数据进行分析，评估受灾情况及损失程度，并为灾后重建工作提供依据和监测手段。

（3）海上突发事故的调查处理

对于海上突发的事故，如原油管道破裂、运油船漏油、赤潮、化学品泄漏等突发性事件，很难在短时间内通过卫星、轮船等方式获取事故区域的有效资料，而无人机/遥感飞机具有自然环境条件适应性好、灵活机动性能强、快速实时、费用低等优势，可以快速地到达事故地点并完成事故的调查、取证等工作，并能够实时地将数据传回地面中心站，以供指挥人员进行防灾减灾方案的制定和分析，大大提升应急响应速度，避免事态进一步扩大、恶化。

4. 地基——监测指挥车/近岸观测站

海域动态监控指挥车系统是由车辆平台、数据采集系统、数据处理系统、通信传输系统、视频会商系统、车载定位系统及综合保障系统组成的具有视频采集、移动通信、视频会商、应急指挥等功能的操作控制平台。海域动态监控指挥车系统的构建不仅大大提升了沿海地区的海域动态监管能力和水平，而且为及时应对突发海洋灾害事件、特殊环境作业及海域现场指挥提供了可靠的保障。特别是在突发紧急情况下，海域动态监控指挥车能在第一时间到达现场，将图像、视频资料及时地回传，提供可靠的决策信息支撑。

另外，低成本的近岸视频监测可以为海洋管理者提供海岸、海堤、海滩、潮位变化的实时信息，便于海洋管理部门采取必要措施并及时做出决策，对于海域管理及海洋防灾减灾具有实际应用意义。

5. 海基——监测船/无人船/无人艇/监测浮标

海洋监测船主要是用于完成对远海区域的海洋污染等海洋灾害的调查、取证和监测，如远海区域的原油泄漏、核泄漏等。无人船/无人艇主要用于对近海和湖泊的海洋环境进行监测，是一种新型的无人多功能遥控海洋监测平台，它可以到达普通船只无法到达的区域并进行精确采样取证，如浅水区、重污染区、核辐射区等，是一种经济、高效的海上监测方法。

海洋浮标监测是海洋监测最常用的监测手段之一。它可以定点、长期、连续地采集气象、水文、水质等数据，并实时地将数据传回地面监测中心。浮标监测能够及时地检测到海洋污染、赤潮等海洋灾害，并能准确地测量出污染程度等数据，为海洋防灾减灾决策提供重要的数据依据。近年来，广西先后投入4000多万元，在沿海重要港湾、河口、赤潮多发区等重点敏感区域布设17个环境监测浮标，建设了国内首个省级海洋放射性监测实验室，并在监测海域内设置海水水质监测站位111个、海洋生物多样性监测站位59个、海洋沉积物监测站位21个。

第二节　基于网格化的精细化管理需求

1. 海洋全方位立体监管的需要

广西北部湾经济区为中国-东盟博览会、中国-东盟商务与投资峰会、环北部湾经济合作论坛等国际性区域平台的永久举办地。广西积极开展与泛珠三角、长三角、西南和港澳台地区的合作，已初步形成以东盟为重点的沿海、沿边、内陆全方位开放合作格局，客观上也需要一个生态承载和产业发展陆海综合体。

而当前陆域、海域缺乏综合信息（生态、环境、资源、海洋经济）立体监管，其根本原因在于缺乏一种能够纳入陆海综合信息的统一的管理框架。利用网格化管理技术，建立起网格与数据之间的关联。从统一的剖分网格框架出发，将生态、环境、资源、海洋经济等各领域数据纳入网格之中，从而完成对综合信息的立体监管，给广西海域管理带来极大便利。

2. 海洋数据整合融合的需要

当前使用的海域使用权证书统一配号机制很难解决不动产登记海洋行业各部门、各行业之间的数据标准和衔接问题，造成很多的信息孤岛[2]。第二章第三节提到的中国-马来西亚钦州产业园区正是一个陆海重复发证、重复监管的典型案例。因此，为避免陆海用地规划重叠、用地审批重复等多种问题，实现资源的最优配置和集约开发利用，更好地发挥广西独特的陆海相邻优势，打破信息壁垒、连通信息孤岛显得尤为重要。

当前海洋行业各部门、各行业之间数据标准不一致，而业务系统中采用文件系统或关系型数据库，无法灵活对各种类型数据进行组织、管理。空间数据蕴含的空间特性为异构数据组织提供了纽带，但是现有的空间组织方式并不理想，由于经纬度点的连续性，点的微小移动就会带来实体对象的改变，无论采用何种方式，均会导致属性数据库中记录数趋于无穷大，是有限的数据库存储空间与越来越高效的查询需求所无法承受的[3]。而网格在保证准确性的同时还拥有一定的冗余，可以更加合理地管理多部门的异构数据[4]。

3. 海洋生态经济协同空间分析的需要

2012年12月17日，国务院批准同意开展第一次全国海洋经济调查。本次调查旨在摸清海洋经济“家底”，实现海洋经济基础数据在全国、全行业的全覆盖和一致性，有效满足海洋经济统计分析、监测预警和评估决策等的信息需求，进一步提高对海洋经济的宏观调控能力，为科学谋划海洋经济长远发展、实现海洋强国建设目标、维护海洋经济安全奠定基础。

当前正是海洋经济发展的关键时期。全国海洋经济调查的展开为海洋经济分析提供了更加具体、翔实的数据支撑。海洋经济分析正在从现有针对有限领域的面向产业的经济分析向针对广阔范围的面向企业的战略分析转型，这使得政府相关部门从现有数据收集者的角色向数据服务者、数据管理者的角色转变。

习近平总书记提出的当前中国经济要进行结构化改革，就是强调政府相关职能部门对企业发展的引导作用，引导产业结构优化、合理投入要素等。这就要求政府能为相关企业提供相关数据服务，如涉海企业所涉及海域的水文数据、风暴潮数据、水质数据等，并以此帮助涉海企业合理规划发展方向。同时，政府应加强对涉海企业的监管力度。对各个领域每日产生的大数据进行快速分析，有效监管海域使用情况，及时处理违法用海、水质变化等问题，做到更加合理地规划海域发展策略、相关产业发展策略来促进结构化改革，实现海洋经济可持续发展。

因此，发展海洋经济就必须结合海洋生态协同分析，保证海洋生态与海洋经济共同发展。而网格能够实现将海洋生态数据同海洋经济数据相关联，能够在一张图中更直观地展现海洋生态数据和海洋经济数据[5]。同时，网格在关联了海洋生态数据和海洋经济数据后，就能够实现生态/经济协同空间分析，合理制定生态保护区域及经济发展区域，促进二者和谐发展。

4. 海洋大数据计算的需要

陆海综合体是一个包括陆域、陆海交替潮间带及海域的，一个区域复杂、资源丰富、人类活动频繁、信息庞大的复杂综合体，空间上包括生态综合体和产业综合体两部分。

技术体系上综合利用天空地海立体监测、物联网技术等各种方法，实现对陆海综合体的立体监测，形成一套对应的复杂陆海信息综合体，以便用于政府管理及各种行业的数据统计分析、辅助决策等领域。

但是面临的最大问题就是海洋大数据的计算效率问题。复杂计算、大数据量计算等新需求要求信息系统必须具有更强大的计算能力，高效的空间计算是保障大数据“velocity”（时效性）特性的重要因素之一。传统的数据计算手段利用经纬度进行数据的组织管理，其基于浮点数进行运算，计算复杂度高，在面对激增的海洋数据时，无法满足快速计算的需求，甚至因为数据量过大而无法计算。

由全球剖分网格所形成的立体空间索引，使用二进制一维整型数作为检索主键，通过索引大表的形式与其他数据库形成关联[6]。由整型数构成检索主键的方法比起其他空间数据库使用经纬度坐标等作为检索主键的方法大大提高了检索效率，对于任意空间的动态数据分布，在插入、删除、检索等方面，较国际上领先的方法（填充曲线+B树、R树、八叉树、QR树等）都有明显提升，提升幅度为30%～100%，即满足了针对大数据量的快速索引需求。而对于动态数据，只需要划分其取样区域，对其进行编码，将编码存入数据库，这一过程全部由计算机完成，编码生成用时少，能够满足当前动态监测的业务需求[7]。所以可以得出，全球剖分网格技术能够支持海量动态数据的快速索引、动态存储需求。

5. 海洋灾害精细化评估的需要

2016年12月，中共中央、国务院正式印发《关于推进防灾减灾救灾体制机制改革的意见》，提出两个坚持、三个转变，即“坚持以防为主、防抗救相结合，坚持常态减灾和非常态救灾相统一，努力实现从注重灾后救助向注重灾前预防转变，从应对单一灾种向综合减灾转变，从减少灾害损失向减轻灾害风险转变”。

这就要求针对海洋灾害能够做到预警，对其造成的损失要做到预报，即海洋灾害精细化评估需求。

当前由于涉及的各领域数据不统一，只能做到分别评估海洋灾害在生态、环境、经济等领域造成的损失，无法对损失进行综合估计及精细化评估。

网格化管理技术，能够统一量化、管理各类数据，为海洋灾害精细化评估提供了新的解决思路。

第三节　基于陆海时空信息网格编码的数据整合原型软件设计

陆海综合体监管数据的来源多、处理分析复杂、时空关联性强，未来的服务对象和服务形式将非常广泛。例如，海面光学遥感影像数据具有时空粒度和尺度差异大、时间分辨率高、立体空间分布以及时间连续性、空间关联性和主题相关性等特点[8]。当前海量时空数据的存储与管理存在数据管理形式单一、灵活性不足等问题；同时，大量异构数据处理系统获取的半结构、非结构性信息难以构建高效的索引结构和进行统一管理与实时调度，主要体现在：多源异构数据的结构复杂、集成度较弱，协同管理应用技术存在瓶颈；多源异构数据严重缺乏高效的信息检索和集成能力以及相应的方法与工具；多源异构数据的挖掘水平偏低[9]。用户在需要做海洋经济决策支持时往往不能及时、高效地得到综合决策所需的多种类、全方位信息。陆海综合体是信息综合体，是整合不同GIS平台、不同业务应用系统及各类型数据形成的可以综合利用的“海洋+陆地”大数据信息综合体。

（一）传统的陆海资源GIS管理软件存在的问题

1. 数据兼容性的问题

受各系统建设和实施的阶段性、技术性以及其他经济与人为等因素影响，信息系统在发展过程中积累了大量采用不同方式存储的业务数据，包括采用的数据管理系统也大不相同，从简单的文件数据库到复杂的网络数据库，它们构成了海域信息的异构数据源。

数据源异构性主要表现在两方面。

1）系统异构，即数据源所依赖的业务应用系统、数据库管理系统乃至操作系统之间的不同构成了系统异构。

2）模式异构，即数据源在存储模式上存在不同。存储模式主要包括关系模式、对象模式、对象关系模式和文档嵌套模式等几种，其中关系模式（关系数据库）为主流存储模式。同时，即便是同一类存储模式，它们的模式结构可能也存在差异。例如，不同的关系数据管理系统在数据类型等方面并不是完全一致的，如DB2、Oracle、Sybase、Informix、SQL Server、Foxpro等。

这些分散的不同业务的数据管理系统虽然能够满足业务数据存储和管理要求，但在许多情况下，为了做出一个决策，可能需要访问分布在网络不同位置上的多个业务数据管理系统中的数据。这个问题不仅制约了信息化系统建设和数据共享程度，也是造成规划重复的一个重要因素。

2. 对象编码不一致的问题

现有的各类空间数据在获取、处理、分发与表达的各个环节上，采用了不同的编码，给空间大数据在关联、查询、存储、分发及服务过程中相互调度带来挑战。具体表现在以下方面。

1）数据组织规格不一致，导致时空大数据整合复杂。大数据采用数据库表、文件、图幅、条带等作为组织单位，大小、位置和形态均不相同，在跨业务大数据共享交换中存在工作量大、信息整合复杂等问题。

2）数据时空编码不一致，导致时空大数据调度复杂。现有的各类数据在获取、处理、分发与表达的各个环节上，采用了不同的时空标识编码，在不同系统之间，时空区别大且相互调度复杂。

3. 空间大数据检索效率低的问题

传统GIS平台的空间数据运算是基于经纬度浮点计算，此方式运算速度较慢，在处理大量数据的时候，易造成系统计算时间过长甚至瘫痪。

4. 数据共享交换的问题

由于业务信息处理系统开发建设相对独立，其数据存在独立、异构、涵盖各自独立的业务内容等问题，缺乏统一的数据标准，信息交互共享困难，存在大量的信息孤岛和流程孤岛。

同时数据存储分散以及数据结构、类型等不统一等问题，造成了利用大数据进行分析的基础和手段缺失，无法体现出数据应有的价值。随着数据量的不断累积，不但增加了数据存储的成本，也进一步加剧了数据利用方面的困难。

数据的共享度达不到用户对信息资源整体开发利用的要求。简单的应用多，交叉重复也多，能支持管理和决策的应用少，能利用网络开展经营活动的应用更少。数据中蕴藏着巨大的信息资源，但是没有通过有效的工具充分挖掘利用，信息资源的增值作用还没有在管理决策过程中充分发挥。

通过运用海域地理信息网格编码，可建立一整套数据整合方法和体系。对现有各部门的数据库，在不推倒、不重建、不破坏现有信息系统数据结构和完整数据体系的原则下，通过网格编码，在数据层建立统一的身份特征，在保留数据原有业务关系的同时，通过网格编码形成新的数据映射关系，从而使得数据具备互联互通能力，增强业务系统应用水平。

（二）软件实现功能及界面

1. 海洋数据剖分打码入库功能

1）海洋原始数据查看（shapefile数据）。

2）针对海洋数据（目前针对shapefile数据），进行批量剖分打码，入库到MongoDB数据库中，处理界面如图9-2所示。

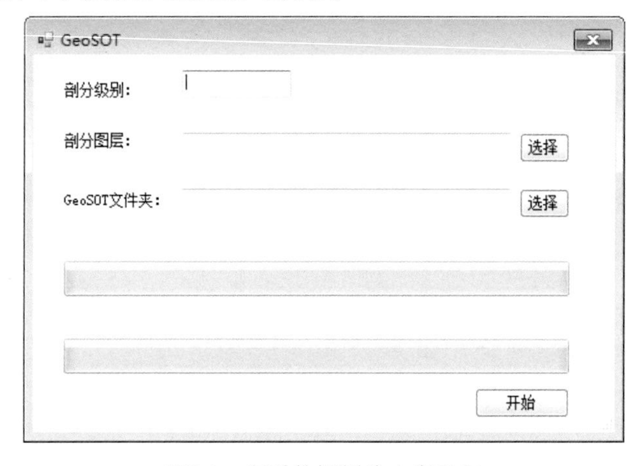

图9-2 海洋数据剖分入库界面

2. 海洋剖分数据管理系统

根据剖分网格划分，实现对海洋信息数据的网格化管理，具备定位功能、数据管理功能、展示功能等多项功能，如图9-3所示。

1）定位工具：点击弹出剖分编码输入框，确定之后定位到指定的剖分编码，这是数据管理系统的基本工具，支持快速定位，如图9-4所示。

2）数据管理工具：管理数据中不同的库及其对应的图层，可以控制其可见性，支持针对不同需求展示相关数据。

图9-3　海洋信息网格数据管理系统界面

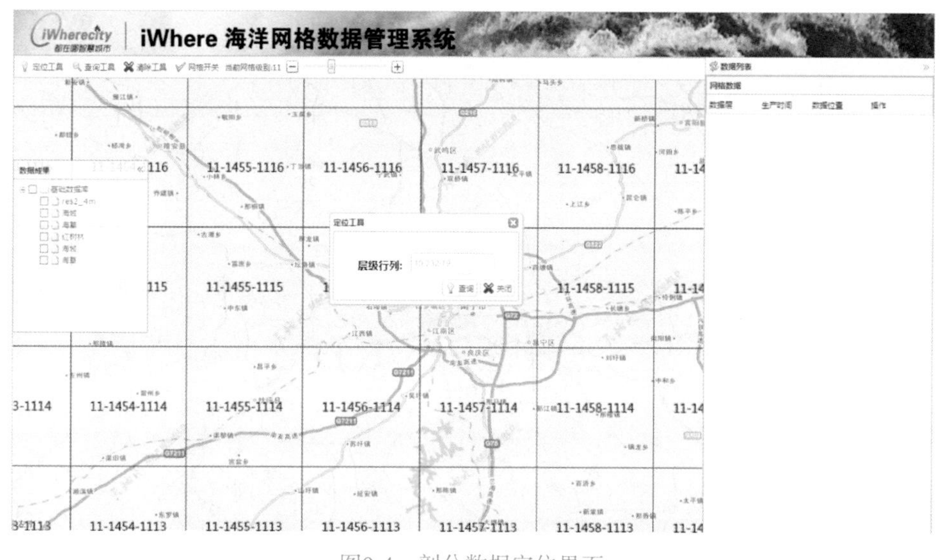

图9-4　剖分数据定位界面

3）查询工具：选中之后在地图上点击，可查询鼠标位置的剖分编码，将其高亮显示，并在右侧显示其包含入库之后的各类数据，如图9-5所示。

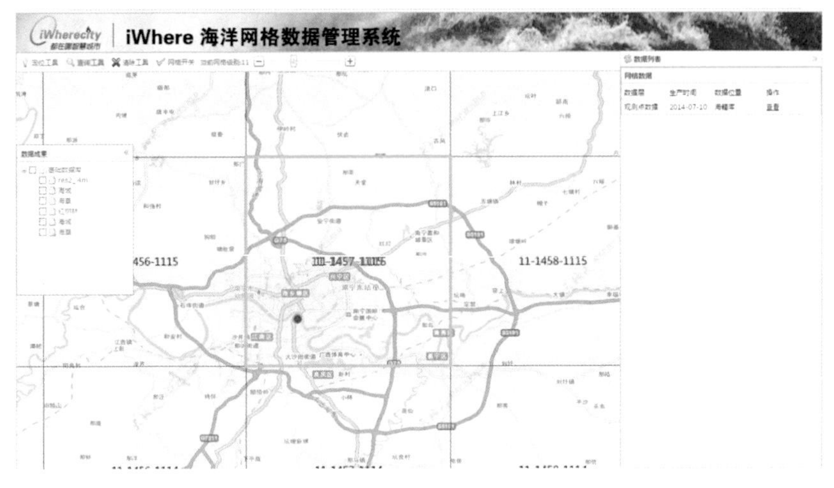

图9-5　剖分数据查询界面

4）清除工具：清除当前地图上的显示。
5）网格开关：打开或者关闭网格显示。
6）网格层级：推动可切换当前显示的网格等级。
7）数据成果：显示当前系统中管理的所有数据成果。
8）数据集：显示指定网格中的所有数据集。

3. 陆海时空数据网格化管理展示系统

系统的二三维网格化展示界面如图9-6～图9-8所示。

图9-6　陆海时空数据立体网格管理

图9-7　陆海时空数据多网格数据提取

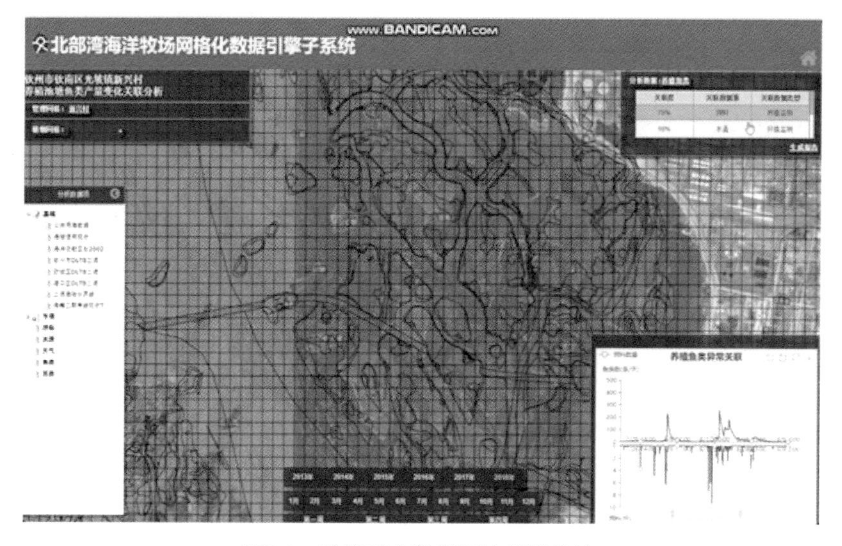

图9-8　陆海时空数据网格关联统计

（三）实验结果

针对分布在各图层的原有元数据，根据海域信息网格与编码方案进行转码，生成海域信息网格编码，根据海域信息网格编码对原有数据进行重新组织、聚合，生成剖分聚合表，完成了对原有图层元数据的打码入库工作，如图9-9～图9-11所示。

基于陆海时空信息网格编码的数据整合原型软件具有以下优势。

1. 实现系统数据共享

基于现有的信息化建设成果，通过运用先进的技术手段，建立不同业务系统的数据共享机制，打破当前的“信息孤岛”现象，实现区信息平台与各业务系统之间实时的数据共享交换。同时，建立各业务系统之间数据交换的单一安全通道，在实现信息共享的基础上确保各自数据信息的安全。

_id	DATABASE	DATANAME	DATACODE	DESC	ISGEOSOT	INTIME
590fc82dd6b77e959b2a93c2	基础数据库	res2_4m	L17	res2_4m	true	2017-05-08
590fc847d6b77e959b2a9669	基础数据库	海域	L18	海域	true	2017-05-08
590fc847d6b77e959b2a966d	基础数据库	海草	L19	海草	true	2017-05-08
590fc847d6b77e959b2a9671	基础数据库	红树林	L20	红树林	true	2017-05-08
590fd750d6b77e959b2aa024	基础数据库	海域	L21	海域	true	2017-05-08
590fd752d6b77e959b2aa02b	基础数据库	海草	L22	海草	true	2017-05-08

图9-9　原有图层元数据表

_id	UNIQUEID	DATACODE	GEOSOT13
590fc82d9e41ae0808c591b6	L17G1	L17	["13-5969-4563"]
590fc82d9e41ae0808c591b8	L17G2	L17	["13-5762-4680"]
590fc82e9e41ae0808c591ba	L17G3	L17	["13-5958-4734"]
590fc82e9e41ae0808c591bc	L17G4	L17	["13-5971-4722"]
590fc82e9e41ae0808c591be	L17G5	L17	["13-5987-4730"]
590fc82e9e41ae0808c591c0	L17G6	L17	["13-6009-4734"]
590fc82e9e41ae0808c591c2	L17G7	L17	["13-5934-4749"]
590fc82e9e41ae0808c591c4	L17G8	L17	["13-5982-4751"]
590fc82e9e41ae0808c591c6	L17G9	L17	["13-5963-4728"]
590fc82e9e41ae0808c591c8	L17G10	L17	["13-5927-4704"]
590fc82e9e41ae0808c591ca	L17G11	L17	["13-5927-4681"]
590fc82e9e41ae0808c591cc	L17G12	L17	["13-5927-4689"]
590fc82e9e41ae0808c591ce	L17G13	L17	["13-5944-4717"]
590fc82e9e41ae0808c591d0	L17G14	L17	["13-5965-4708"]
590fc82e9e41ae0808c591d2	L17G15	L17	["13-5947-4699"]
590fc82e9e41ae0808c591d4	L17G16	L17	["13-5897-4701"]
590fc82e9e41ae0808c591d6	L17G17	L17	["13-5908-4737"]
590fc82e9e41ae0808c591d8	L17G18	L17	["13-5913-4701"]
590fc82e9e41ae0808c591da	L17G19	L17	["13-5901-4664"]
590fc82f9e41ae0808c591dc	L17G20	L17	["13-5894-4725"]
590fc82f9e41ae0808c591de	L17G21	L17	["13-5899-4710"]

图9-10　剖分转码表

_id	GEOSOTID	L17
590fc82d9e41ae0808c591b7	13-5969-4563	["L17G1"]
590fc82d9e41ae0808c591b9	13-5762-4680	["L17G2"]
590fc82e9e41ae0808c591bb	13-5958-4734	["L17G3"]
590fc82e9e41ae0808c591bd	13-5971-4722	["L17G4"]
590fc82e9e41ae0808c591bf	13-5987-4730	["L17G5"]
590fc82e9e41ae0808c591c1	13-6009-4734	["L17G6"]
590fc82e9e41ae0808c591c3	13-5934-4749	["L17G7"]
590fc82e9e41ae0808c591c5	13-5982-4751	["L17G8"]
590fc82e9e41ae0808c591c7	13-5963-4728	["L17G9"]
590fc82e9e41ae0808c591c9	13-5927-4704	["L17G10"]
590fc82e9e41ae0808c591cb	13-5927-4681	["L17G11"]
590fc82e9e41ae0808c591cd	13-5927-4689	["L17G12"]
590fc82e9e41ae0808c591cf	13-5944-4717	["L17G13"]
590fc82e9e41ae0808c591d1	13-5965-4708	["L17G14"]
590fc82e9e41ae0808c591d3	13-5947-4699	["L17G15"]
590fc82e9e41ae0808c591d5	13-5897-4701	["L17G16"]
590fc82e9e41ae0808c591d7	13-5908-4737	["L17G17"]
590fc82e9e41ae0808c591d9	13-5913-4701	["L17G18"]
590fc82e9e41ae0808c591db	13-5901-4664	["L17G19"]
590fc82f9e41ae0808c591dd	13-5894-4725	["L17G20"]

图9-11 剖分聚合表

从未来发展的角度看，当前实施的数据整合方式和成果，可以为以后新的业务系统的建设提供标准，各部门都可以直接利用共享的基础信息库数据，从而减少了数据采集的资本投入，提高了监管工作效率和公共服务水平，获得良好的经济效益和社会效益。

2. 提升精细化管理水平

在原有管理成果的基础上，进一步提升创新管理体系机制，继续深化全模式网格化社会服务管理体系，实现对现有数据管理的继承和延伸。

随着经济社会的不断快速发展，精细化管理越来越受到重视，并在政府进行海域规划方面具有十分重要的影响力。通过对政府现有各系统数据库中数据进行整合，实现各类应用系统及各类数据库数据之间形成统一关联，在此基础上进一步提升政府的精细化管理水平。

3. 提升系统综合业务能力

综合业务能力体现在能够对多种系统、多源数据统一调取并进行分析，将大数据真正应用于政府管理中。

在原有GIS系统的数据展示平台建设成果基础上，按照空间位置关系和统一标准对陆海时空数据进行紧密整合，完成广西海洋海域各业务部门基础数据统一的“一张图”展示，在实现业务部门数据共享交换的同时，进一步促进数据的有效利用。

4. 空间数据运算效率提升

利用网格编码和时间离散编码一维、整型、二进制的特点，将传统基于经纬度浮点数运算和时间字符串运算的时空大数据计算分析，转变为基于二进制整型编码位运算的实时计算分析，大数据时空计算效率将提升10倍左右，以更好地适应信息化条件下实时计算分析的新要求。

（四）系统特性

在不破坏原有数据库、不重复建设数据库的原则下，建立一套新型专项网格编码体系。利用地理信息系统（GIS）的实现理念，将多种数据以层级形式展现，并与新型专项网格编码层叠加处理，实现编码层与多源异构数据的融合。

这种针对多源、异构数据进行的整合，其最终目的在于为海洋管理部门提供一套集成的、统一的、安全的、快捷的信息查询、数据分析和决策支撑服务体系。为了达到这个目的，整合的数据必须能够保证具有一定的资源集成性、信息完整性、交互一致性和访问安全性。

1. 资源集成性

各种原先孤立的业务信息系统的数据经过整合后，应该达到区政府查询一个综合信息时不必再到各个业务系统分别进行查询和人工处理，只在整合后的数据信息界面就可以直接访问到，即整合后的综合信息是各异构业务数据的有机集成和关联存储（整合、发掘出各业务数据间的内在关联关系），而不是简单、孤立地堆放在一个数据库系统里。

2. 信息完整性

信息完整性包括数据完整性和逻辑完整性两方面。数据完整性是指完整提取数据本身。逻辑是指数据与数据之间的关联关系，利用新型网格编码技术，提供一套逻辑标准，实现逻辑的完整性，保证良好的数据发布和交换，简化数据处理过程，提高效率。

3. 交互一致性

不同业务信息资源之间存在着语义上的区别，这些语义上的不同会导致各种不完整甚至错误的信息产生，从简单的名字语义冲突（不同的名字代表相同的概念），到复杂的结构语义冲突（不同的模型表达同样的信息）。语义冲突会带来数据整合结果冗余，干扰数据处理、发布和交换。整合后的数据应该根据由新型网格编码标准制定的数据转换模式和规则，进行统一结构和字段语义编码转换。

4. 访问安全性

由于数据库资源可能归属不同的单位，各业务数据系统有着各自的用户权限管理模式，在能够访问异构数据源数据的基础上，为了保障原有数据库的权限不被侵犯，实现对原有数据源访问权限的隔离和控制，就需要设计基于新型网格编码技术的标准，提出用整合后的统一用户安全管理模式来解决此问题。

（五）应用前景分析

1. 海域信息整合融合

基于第八章第二节提出的陆海综合体的地理时空网格标准，能够实现系统数据共享，实现自治区信息平台与各业务系统之间实时的数据共享交换。同时，建立各业务系统之间数据交换的单一安全通道，在实现信息共享的基础上确保各自数据信息的安全。北部湾海洋时空数据网格化平台实现了对广西北部湾海洋数据的深度融合，并以时空网格进行数据关联，如图9-12 所示。

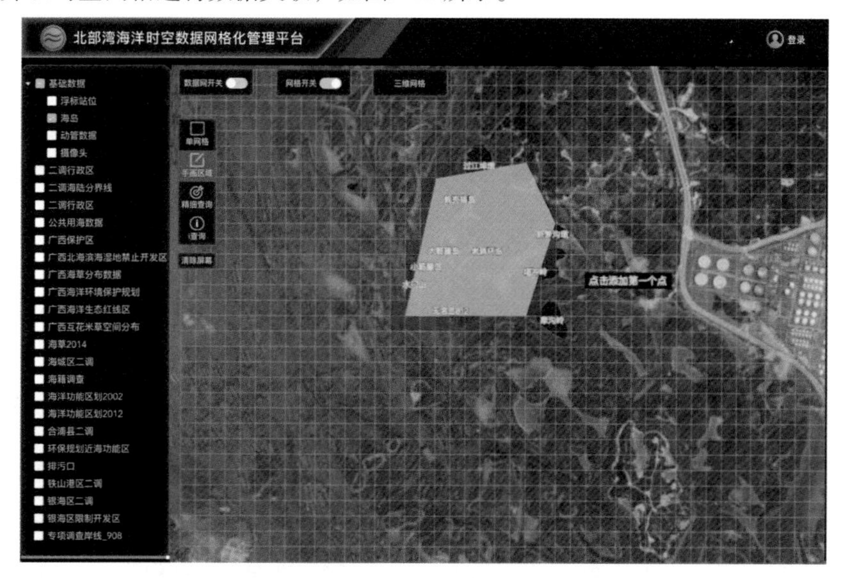

图9-12　北部湾海洋时空数据网格化平台

从未来发展的角度看，当前实施的数据整合方式和成果，可以为以后新的业务系统的建设提供标准，各部门都可以直接利用共享的基础信息库数据，从而减少了数据采集的资本投入，提高了监管工作效率和公共服务水平，获得了良好的经济效益和社会效益。

2. 海洋经济生态效益协同分析

陆海综合体的地理时空网格化平台通过对政府现有各系统数据库中数据进行整合，实现各类应用系统及各类数据库数据之间形成统一关联，在此基础上，政府能够联合海洋生态、海洋环境等多个领域及旅游业、渔业、交通业等多个涉海行业对海洋经济发展进行统筹规划、协同分析。

将海洋多部门、多行业形成的海洋大数据以网格的形式管理、关联，有助于政府决策部门挖掘新的陆海综合体以及推动发展现有陆海综合体。在发展经济的同时，注重海洋环境、海洋生态同步发展。

3. 海洋灾害损失预警与预报

2016年12月，中共中央、国务院正式印发《关于推进防灾减灾救灾体制机制改革的意见》，提出两个坚持、三个转变，即“坚持以防为主、防抗救相结合，坚持常态减灾和非常态救灾相统一，努力实现从注重灾后救助向注重灾前预防转变，从应对单一灾种向综合减灾转变，从减少灾害损失向减轻灾害风险转变”。

根据《广西陆海时空信息网格与编码标准》对海域进行分网格管理，并根据其涉及的海洋环境、海洋生态、海洋经济等对网格进行量化赋值。当风暴潮、台风等海洋灾害来临时，根据灾害发展路线将其转化为对应网格，即可实现预警功能，同时根据网格的赋值，能够提前对海洋灾害损失进行预报，有利于政府对海洋灾害损失进行预警与预报。

第四节　深度学习技术在海洋承灾体评价分析中的应用

台风灾害是世界上最具破坏力的自然灾害之一，强台风（strong typhoon）是指中心附近最大风力达14～15级、中心持续风速为41.5～50.9m/s的热带气旋。据统计，近10年强台风导致广西北部湾地区遭受风暴潮26次，造成经济损失达59.05亿元。尤其是在2014年的超强台风“威马逊”作用下，广西北部湾沿海受灾人口达155.43万人，水产养殖受灾面积达7530公顷，直接经济损失达24.66亿元。北部湾沿海地区是国家实施“一带一路”倡议、北部湾城市群规划和国家主体功能区规划进行经济优先发展的“南大门”，具有面向南海、连接东盟、陆海综合的区域特色。强台风灾害已经成为制约北部湾沿海经济发展的重要因素之一，而北部湾涠洲岛和钦州港生蚝养殖区则是典型的脆弱承灾受灾区域，强台风引起的风暴潮灾害对其破坏最大。

气象模型能够有效模拟台风路径和台风强度，结合水动力学模型，可以模拟台风引起的环流、波浪、风暴潮等，对台风引起的气象和海洋环境变化可以做到精细的三维甚至四维可视化数值模拟，属于海洋气象学研究领域。另外，海洋灾害对孕灾环境的影响、脆弱承灾体灾损特征以及灾变机制的研究通常由承灾体评价模型来实现，属于地理学研究领域。然而，目前这两个不同学科的模型系统之间仍缺乏有效衔接，以至于无法模拟承灾体对三维海洋环境变化的实时响应，因而无法准确解译致灾因子、孕灾环境及承灾体灾变的内在联系及作用机制。因此，本书提出一种利用全球剖分网格技术（GeoSOT）搭建"海洋数据集装箱"及人工智能分类算法等学习灾损规律的关键技术，将地理学科涉及的水动力特征、孕灾环境与海洋科学学科涉及的灾变响应机制串接起来，形成一个完整的数据组织框架和模型管理体系，对于北部湾地区脆弱承灾体灾变智能预警监测和防灾减灾精细化管理具有重大意义。

（一）国内外研究现状

本书以北部湾涠洲岛及钦州港生蚝养殖基地为研究区，依托地球剖分网格编码技术，以GeoSOT网格作为多源异构数据组织的基本框架，将孕灾环境、承灾体、强台风引起的海洋气象信息等数据按照其空间位置装入相应的"大数据集装箱"（地球剖分网格）之中，形成一个"脆弱承灾体数值箱体"；通过观察不同强度台风作用于"箱体"后其变化情况，分析脆弱承灾体灾变、灾损情况与强台风作用强度之间的响应关系，从机制模型的角度揭示其灾变响应规律。在此基础上，再从"海洋数据集装箱"中抽取样本数据，构建深度学习样本库；利用深度学习卷积神经网络（CNN）对样本库进行训练，并将脆弱承灾体灾变响应机制模型作为约束条件融入深度学习神经网络，得到结合神经网络的脆弱承灾体灾变模型，用于承灾体评价及灾变预警，从而构建出脆弱承灾体灾变响应模型。我们力图通过全球网格剖分及人工智能深度学习技术把海洋学模型和地理学模型有效衔接，形成一个完整的数据组织构架和模型管理体系，实现海洋学研究和地理学研究的学科交叉。

1. 水动力模型是模拟海洋灾害演变的主要手段

海洋环境的数值模拟在技术上已较为成熟，已经广泛应用于渤海、黄海、东海和南海等海区，但是关于北部湾海洋环境的数值模拟研究则相对较少。虽然有包括北部湾在内的中国海潮汐潮流预报模型以及中国海潮汐预报软件，但这两款模型在广西北部湾的空间分辨率略显粗糙。另外，三维斜压环流模型的构建必须基于准确的三维潮流模型，但专门针对广西近海的高分辨率三维潮流预报模型还是空白。事实上，广西近海高分辨率三维潮流预报模型的空白与专门针对广西近海的水动力研究较为缺乏有关。陈波、李树华等应用实测数据分析了广西近海潮流和余流特征。[10, 11]与实测数据相比，数值模型能够在空间和时间尺度上更全面地分析广西近海的环流特征。为此，陈波、张燕、施华斌等借助二维数值模型分析了广西近岸及各海湾的潮流、潮余流以及风海流特征。[12-14]

2. 承灾体灾害评价模型需要准确的海洋气象灾害信息

目前国内外对风暴潮灾害风险的评估主要包括：利用水动力模式对风暴潮过程的数值模拟、典型重现期风暴潮估计、可能最大风暴潮计算。对风暴潮承灾体脆弱性评估的方法主要有以下3种：一是基于历史灾情数据的区域脆弱性评估，如谭丽荣等基于1990～2009年的风暴潮灾害损失数据，构建了风暴潮灾害脆弱性指数系统，对沿海地区省级尺度上风暴潮灾害脆弱性进行了评估；二是基于指标的区域脆弱性评估，如Li等通过指标评价体系的构建来评估广东省沿海区县风暴潮灾害脆弱性；三是基于实际调查的承灾个体脆弱性评估，应用灾损曲线来衡量不同强度的各灾种与损失之间的关系。但是，无论是基于历史风暴潮灾情统计数据、经验性区域指标，还是现场的实际调查数据，都无法为承灾体评价模型提供准确的风暴潮三维海洋环境数据，因而无法准确再现承灾体对风暴潮过程的瞬时响应。研究承灾体对风暴潮过程的响应机制，首先要将脆弱承灾体灾变评价模型与风暴潮水动力模型在时间和空间上有机结合起来，属于地理科学与海洋科学的交叉学科，但这方面的研究还没有文献记载。

3. 人工智能深度学习在灾变响应机制方面的应用前景广阔

近年来人工智能概念迅速火热，其在商业上应用引起广泛讨论的同时，在公益上的应用也受到关注。人工智能技术在防灾减灾领域的应用，不仅是对受灾信息的整理共享，还包括对灾害的预测。进入人工智能时代之后，技术优势促使有关部门对自然灾害的预测更加准确，尤其是在台风、洪水和泥石流等领域取得了令人瞩目的成绩。2018年2月，日本政府开始着手探讨打造发生严重灾害时用人工智能（AI）识别和整理现场灾害对策、总部收集的受灾报告及支援请求等信息的机制，此举旨在从涌入的大量信息中挑选优先度高的，反映到对策中。人工智能专家吴恩达曾推荐过一家名为One Concern的公司。据官方介绍，通过机器学习，One Concern公司能够高度准确地预测每个灾难和气候变化的影响，以及它们在社会和经济层面上的影响。借此，可以帮助决策者在灾难事件来临之前、到来期间以及之后做出恰当的决策。人工智能与自然灾害预测相结合的趋势不仅发生在国外，在国内也有体现。例如，2018年9月16日在深圳登陆的超强台风“山竹”就被准确预测，在“山竹”登陆

4天之前，气象部门和气象类服务公司就已经对它的登陆时间和路径做出准确预测，并及时做出应对措施，避免人员伤亡，而这一切都和气象数据的开放与技术的进步密切相关。

（二）基于深度学习与地理网格的海洋承灾体评价新思路

针对北部湾区域海洋灾害频发、承灾体灾变响应机制不明、缺乏智能预警监测技术手段等问题，本书以北部湾涠洲岛及钦州港生蚝养殖基地等典型的脆弱海洋承灾受灾区域为研究区，通过数值模型、地球剖分网格编码、深度学习卷积神经网络、脆弱承灾体评价模型等技术手段及方法，揭示脆弱承灾体灾变响应机制，主要思路如下（图9-13）。

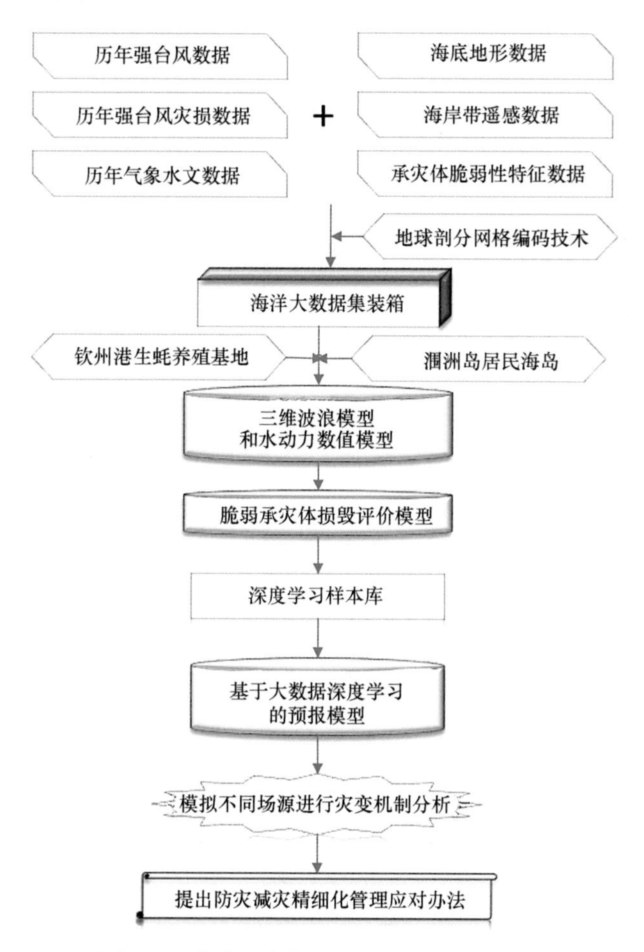

图9-13　海洋承灾体评价的主要思路与方法

1）构建北部湾精细化三维水动力数值模型、台风和波浪模型，模拟涠洲岛和钦州港生蚝养殖区孕灾环境变化特征。

2）依托全球剖分网格编码技术，以GeoSOT网格作为多源异构数据组织的基本框架，将海洋学模型和地理学模型有效衔接，实现承灾体灾变模型能够对典型风暴潮过程产生实时响应。

3）构建深度学习样本库，利用深度学习卷积神经网络（CNN）对样本库进行训练，得出脆弱承灾体灾变机制，为强台风来临时防灾减灾精细化管理提供依据，形成更安全可靠的人工智能止损手段。

（三）关键技术

1. 建立海洋大数据仓库

采集并整合北部湾遥感信息、自然资源利用现状、功能区划以及在线浮标温度、盐度和溶解氧等生态环境和防灾减灾数据，进行数据转换与关联，建立北部湾海洋核心数据库并研发海洋大数据平台。

（1）数据库设计准备工作

数据库设计准备工作即据实际情况设计出符合广西要求的数据资源目录，对广西北部湾的海洋数据进行调查、摸底，初步掌握海洋数据现状。

（2）数据库详细设计

在遵循数据库设计规范的基础上，以国家及海洋行业相关标准为依据，设计符合要求的核心数据库表结构、实体-联系图（entity relationship diagram，ER图）等，并对元数据库进行定义。

（3）数据成果管理与维护设计

在数据库设计成果的基础上，通过数据质量控制标准体系的定义，对数据进行质量控制，并实现元数据及海洋数据的管理与维护。

（4）数据整理设计

通过建立合理的海洋信息资料收集、获取机制和信息渠道，收集、整理广西沿海地区“908”专项的调查和评价资料成果、各种历史资料与海洋业务化监视监测资料，按照国家“数字海洋”统一的海洋信息标准、技术规范、技术平台与质量管理体系，对数据进行整合处理，形成标准数据集。

（5）海洋大数据平台研发

在全面收集广西北部湾海洋经济、海域使用现状、海域公共资源、海洋生态环境等海洋相关领域数据的基础上，制定海洋地理时空数据网格化智慧服务平台建设方案，引入Hadoop 2.2.0以及NoSQL数据库Hbase，构建广西北部湾海洋大数据综合分析平台，实现海量海洋大数据的分散存储、集中管理以及海洋信息服务的共享应用。

2. 构建“海洋数据集装箱”

针对灾变响应机制的研究需求，按照“海洋数据一套网格统一管理”的数据剖分组织总体思路，梳理和分析海洋数据组织对剖分网格的功能要求和技术要求，形成海洋数据剖分网格的设计依据和设计约束条件。同时基于此剖分网格设计依据与约束条件，利用地球剖分原理设计一个适用于多源异构海洋数据组织的专用剖分网格，作为各类海洋数据统一组织的索引网格框架、数据空间关联网格框架和球面三维展示骨架，使得在全域时空北斗网格剖分框架内能通过剖分编码之间的运算得出体块自身的属性以及体块之间的时空关系，为海洋大数据提供一种高效的数据组织技术。

以地球剖分网格作为多源异构海洋大数据组织的基本框架和“海洋大数据集装箱”，将海洋环境数据、海洋承灾体脆弱性数据、强台风作用的预报数据（如风力强度、风向、风量、降水量）等离散装载到各个网格，形成网格数据。通过深度学习，智能分析灾变特征，得出脆弱承灾体灾变的响应机制，将结果关联到网格内，利用立体网格编码形状规整、计算效率高的特点，进行网格化的分析，探索防灾减灾精细化管理的方法。“大数据集装箱”如图9-14所示。

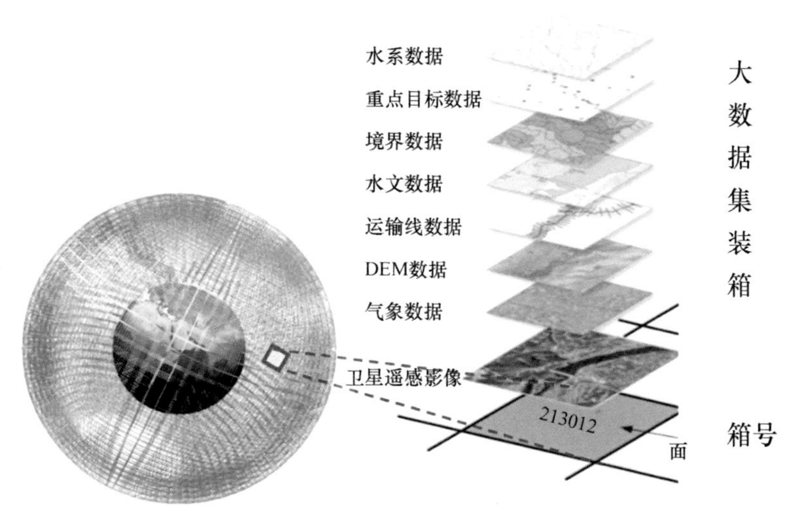

图9-14　大数据集装箱示意图

3. 构建台风模型、三维波浪模型和水动力数值模型

（1）台风模拟

基于台风模式WRF（weather research forecast），针对北部湾沿海区域搭建台风海-气耦合模式。利用WRF中天气模式进行2～6千米的两层嵌套的建模。第一层区域模式将会覆盖整个南海，模式分辨率为10～20千米。这样做是希望把北部湾环流和大尺度网格结合起来，同时避免开边界带来的不确定性。第二层为高分辨率的台风模式，根据选定的台风个例确定模式区域，由第一层模式驱动。模式初始场和开边界条件使用欧洲中尺度天气预报中心（ECMWF）提供的资料，利用美国UCAR的IBTrACS台风数据库，通过WRF天气模式模拟北部湾强台风演变过程，分析强风和降水给北部湾脆弱承灾体环境带来的影响。

（2）水动力模拟

采用美国高分辨率海洋模式FVCOM（finite-volume coastal ocean model，有限体积海岸海洋模型），分辨率初步设定为3～5千米，模拟台风引起的海洋动力过程和热力结构变化。模式初始场和开边界条件使用美国HYCOM（hybrid coordinate ocean model，混合坐标大洋环流模式）全球再分析资料，海底地形使用数字地图ETOPO2，利用OASIS3耦合器与WRF天气模式耦合，为海洋模式提供风场。FVCOM使用无结构精细化三角网格模拟强台风作用下海岸带及附近海域的水位、流场变化，并以潮汐潮流观测数据加以验证；在模拟潮汐潮流的基础上，加入台风场的气压和风速，模拟风暴增水过程，分析其给海岸带及附近区域带来的影响。

（3）波浪模拟

利用台风模型WRF模拟的风场、海洋模型FVCOM模拟的海洋环境数据，以及水深岸线数据，通过SWAN模式模拟北部湾及附近海域强台风条件下波高、波向随时间的变化以及海浪谱，分析强台风条件下海浪给北部湾脆弱承灾体环境带来的影响。

4. 构建基于地理网格的承灾体脆弱性评价模型

对传统HOP模型进行两项调整和改进，一是将评估要素调整为重点针对物理脆弱性，采用空间建模手段发展了新的评估方法和评价因子体系，实现了基于地理图层的定量化计算；二是评估单元采用地理网格剖分技术，将计算单元精确到每个地理网格，使评估精度大大提高。

（1）建立评级指标体系

在空间价值密度计算中，地物要素的选取依据示范区的地理状况及其在海洋灾害中的暴露程度。根据示范区地理位置及乡镇现状，选取承灾体要素建立空间价值密度评价指标体系，通过专家打分及归一法确定各因子权重。例如，近海建筑物既是一种地物，也反映了人的分布，在台风风暴潮灾害中，建筑物不一定会被摧毁，

但居于建筑物中的人会被疏散撤离，导致经济损失，因此具有较大权重。

（2）建立评价模型

定量计算模型中将示范区域按10米网格进行地理剖分，按照剖分网格对示范区域进行划分，分别计算每个网格的价值指数和易损指数，进行求积。

$$V=E\times D \tag{9-1}$$

式中，V为脆弱指数，E为价值指数，D为易损指数。

5. 建立海洋承灾体评价的深度学习模型

叠加海域利用现状矢量图和遥感图，利用矢量数据的图斑边界信息将遥感影像分割成影像像斑，然后对影像像斑提取标记点，漫水填充，分类提取，整理得到不同地物对应的遥感影像识别神经网络训练所需的大量影像训练样本库。

遥感影像地类识别对应的深度学习样本库的自动获取方法包括如下步骤。

步骤1：边缘映射，在同一坐标系下叠加海域利用现状矢量图和遥感图，然后将海域利用现状矢量图的边界映射为由遥感图中连续像元组成的闭合边缘。

步骤2：标记点提取，在闭合边缘内部选取标记点。

步骤3：漫水填充，通过标记点进行漫水填充，并给对应于每个填充区域的掩膜赋值和保存地类信息。

步骤4：图像分类提取，根据掩膜提取分割后图像，并根据掩膜保存的海域利用现状的地类信息进行分类保存，形成影像样本库。

在影像特征基础上，将海洋环境数据、海洋承灾体脆弱性数据、强台风作用的预报数据（如风力强度、风向、风量、降水量）和涠洲岛居民海岛树木、房屋、海堤、人口等数据，以及钦州港生蚝养殖区蚝排位置、面积、经济损失等数据，组织成矩阵向量作为附加参数，用CNN进行深度学习，可以实现对海洋承灾体的动态评估。样本库如图9-15所示。

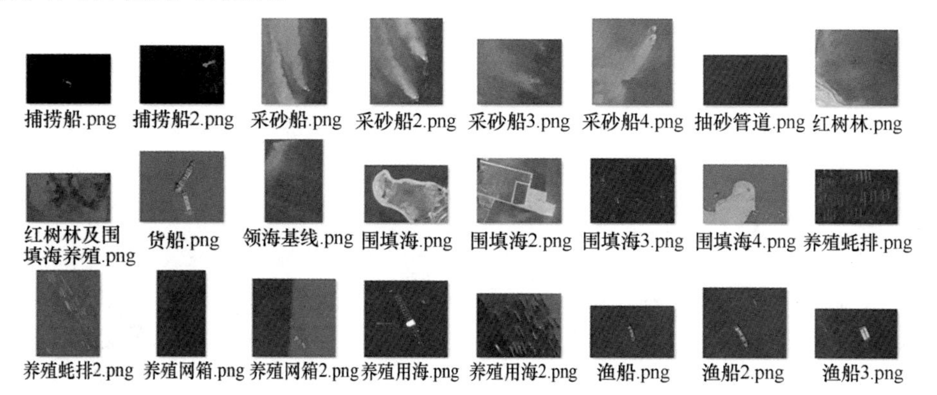

图9-15　深度学习样本库

在海洋承灾体评价深度学习建模过程中，样本库的建立是非常复杂的。传统的深度学习大多应用于图像、语音识别等领域，针对的是矩阵或矢量格式的样本数据。而本书需要对承灾体进行综合评价，仅仅依靠影像数据是不够的。因此，需要水动力数据、波浪数据以及pH、盐度等数据，将影像数据与这些非矩阵数据组合成矩阵数据，建立深度学习样本库，然后利用深度学习技术对样本库进行训练、测试，反复优化训练模型，最终得到实际可用的承灾体智能评估模型。另外，在实际应用中，遥感图像数据的采集和标定是较困难的，获取的已标定的训练样本集较小，因此在选取深度学习网络时需要合理地考虑遥感图像的特点，选取适合小样本、高维数据分析的神经网络预报模型。在此基础上，模拟不同场源，进行灾变机制分析，得出防灾减灾精细化管理应对办法。承灾体评估模型训练步骤如图9-16所示。

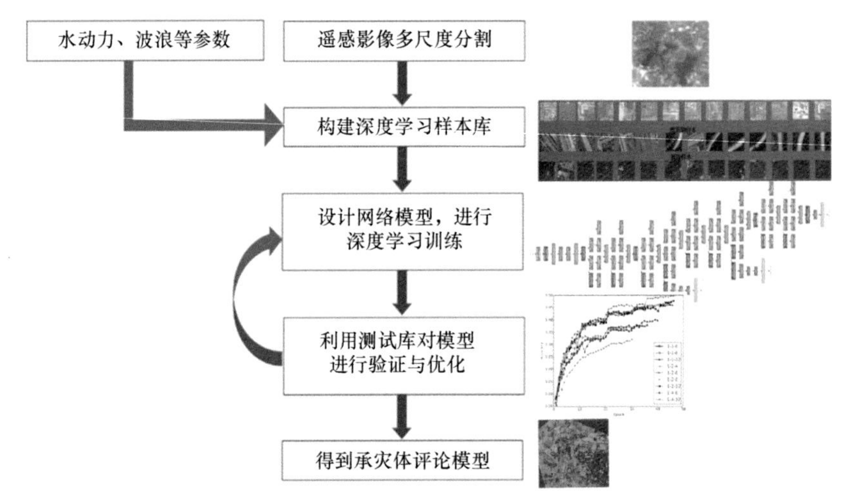

图9-16　承灾体评估模型训练步骤图

针对北部湾区域海洋灾害频发、承灾体灾变机制不明、缺乏监测评价手段及预警模型等问题，本书提出一种基于深度学习与地理网格评价的海洋承灾体脆弱性评价方法，通过建立北部湾海域台风演变模型和水动力模型，利用海洋大数据集装箱的样本库，基于人工智能深度学习算法，构建脆弱承灾体灾变模型，用于承灾体响应机制研究、承灾体评价以及灾变预警，为强台风来临时防灾减灾精细化管理提供依据。该方法具有以下创新性。

1）通过全球网格剖分技术把风暴潮水动力模型和承灾体灾变评价模型在时间和空间上进行有效衔接，构建具地球剖分网格编码框架机构的“海洋大数据集装箱”，实现海洋科学、地理科学与计算机科学的学科交叉研究。

2）建立北部湾脆弱承灾体灾变深度学习样本库及基于大数据深度学习的预报模型，在人工智能深度学习理论基础上，探讨海洋灾害和经济损失之间的变化机制。

本章参考文献

[1] 何广顺, 李晋. 海洋信息化顶层设计框架[J]. 海洋信息, 2018, (1):11-16.
[2] 梅莉蓉. 海洋信息系统安全体系研究[J]. 通信技术, 2017, 50(8):1822-1825.
[3] 邬满. 基于跳变检测和Tesseract的机打发票识别算法[J]. 信息与电脑(理论版), 2015, (18):43-45.
[4] 邬满. 嵌入式ETC系统研究与实现[D]. 西安：长安大学硕士学位论文, 2011.
[5] 程承旗. 基于地图分幅拓展的全球剖分模型及其地址编码研究[J]. 测绘学报(EI), 2010, (3):295-302.
[6] 邬满, 张万桢, 孙苗, 等. 基于DBIRCH算法的Argo剖面数据聚类[J]. 吉林大学学报(信息科学版), 2020, (5): 568-577.
[7] 丁瑞, 朱良生. 条件变化对海口湾风暴增水的影响分析——以海鸥台风为例[J]. 海洋工程, 2018, 36(4):147-154.
[8] 张宇, 吴文周, 王琦. 面向服务架构的南海地理信息决策模拟系统功能设计与实现[J]. 海洋环境科学, 2018, 37 (1): 137-142.
[9] 索安宁, 杨正先, 宋德瑞. 海洋资源环境承载能力监测预警业务体系构建与应用初探[J]. 海洋环境科学, 2018, 37(4):613-618.
[10] 陈波, 魏更生. 广西沿海风暴潮的数值计算研究[J]. 海洋湖沼通报, 2002, (001):1-8.
[11] 李树华, 夏华永, 梁少红,等. 广西近海的潮流和余流特征[J]. 海洋通报, 2001(04):12-20.
[12] 陈波, 邱绍芳, 葛文标, 等. 广西沿岸主要海湾潮流的数值计算[J]. 广西科学, 2001(04):56-61.
[13] 张燕, 孙英兰, 张学庆. 广西近岸海域潮流数值模拟[J]. 海洋通报, 2007, (05):17-21
[14] 施华斌, 牛小静, 余锡平. 北部湾及广西近海潮流数值模拟[J]. 清华大学学报(自然科学版), 2012, 052(006):791-797.

第十章　广西北部湾陆海综合体动态监管技术体系建设实践

第一节　陆海综合体网格大数据监管平台建设

陆海综合体网格化平台采用“天空地海”等多源观测，累积了海量的数据，并实现了数据到决策支持的闭环，解决了海量离散数据难以综合应用的问题[1]。同时形成了包括“一个机制”（完整规范的数据分析处理机制）、“一套规范”（数据采集、数据处理建库规范）、“一个平台”（单点登录认证，一个平台访问多套系统）、“一套数据”（将多系统数据抽取集成到大数据平台）的多平台集成管理机制，从总体上提高对陆海综合体的动态监测和预警能力，为减轻海洋灾害、协调陆海统筹规划和发展、保护环境、节约资源提供可靠的决策信息支撑。

平台全面收集了广西海洋经济、海域使用现状、海域公共资源、海洋生态环境等海洋相关领域的数据，填补了广西海洋资源、海域使用现状等多方面的数据空白，并为智慧海洋、海洋防灾减灾等海洋大数据分析提供数据基础；构建了广西陆海大数据综合分析平台，为广西的陆海统筹管理、决策提供数据依据及技术支撑。广西陆海综合体网格化平台，对陆海综合数据进行网格化处理，通过构建大数据分布式存储中心，实现各种异构数据的集成、存储建模、挖掘计算与共享，此平台可以为后续开发各种智慧应用的数据集成平台，此平台可以成为后续开发各种智慧应用的数据集成平台框架。

基于Hadoop的大数据平台技术路线如图10-1所示。

平台以广西沿海市县的陆海综合数据库群数据为基础，基于OLAP（联机分析处理）对数据仓库中海量级的数据进行分析处理，采用多维数据集技术和GIS技术实现对科学数据的时空特征、区位特征、关联特征等多维度数据进行高效便捷的查询、统计功能，并可利用数据挖掘技术对广西陆海综合数据进行实时显示与监测、运行态势分析、发展趋势预测等，为政府、企业、个体提供有力的辅助决策支持。平台实现了对数据进行检查、审核、发布等功能，为用户提供了一站式服务，即用户只要登录到共享平台，不需要了解数据来自何方，也不需要了解数据资源的格式，就可以方便获取所有节点的数据资源，主要表现在一站式的用户认证、一站式的数据汇交、一站式的数据获取、一站式的个人空间管理、一站式的综合服务分析方面[2]。

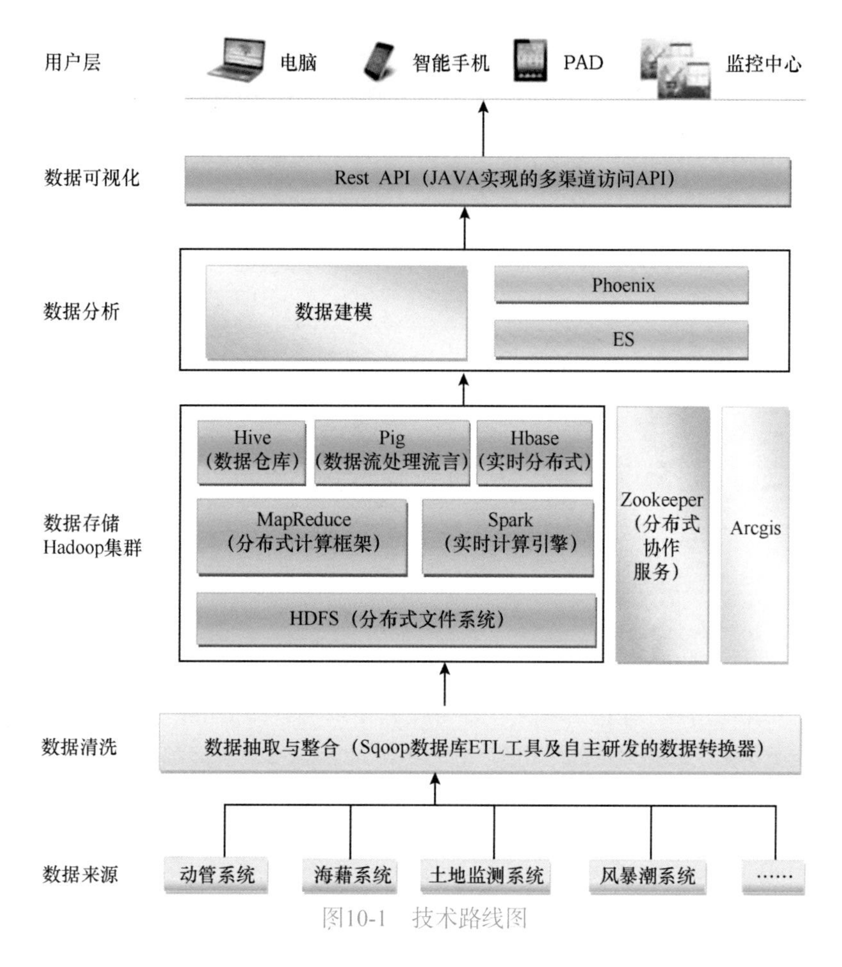

图10-1　技术路线图

该平台作为陆地海洋综合大数据分析的数据平台，由土地使用监测、海籍核查动态监管、海域动态监管、海洋环境监管、专题查询、综合统计分析、基础数据管理、业务系统共8个业务模块组成，提供了针对各个业务领域的数据分析和浏览查询功能，如图10-2所示。下面就以土地使用监测和海域动态监管两个模块为例进行详细说明。

（一）土地使用监测模块设计与实现

土地使用监测模块分为耕地保有量、基本农田城乡建设用地、新增建设用地占用耕地、复垦开发补充耕地、建设用地总规模、新增建设用地、城镇工矿用地、人均城镇工矿用地、扩展性指标监测9个数据分析模块。大数据平台监管主要对土地动态管理监测过程中产生的各种指标性数据、过程性数据进行统计分析，并对分析结果进行可视化展示[3]。

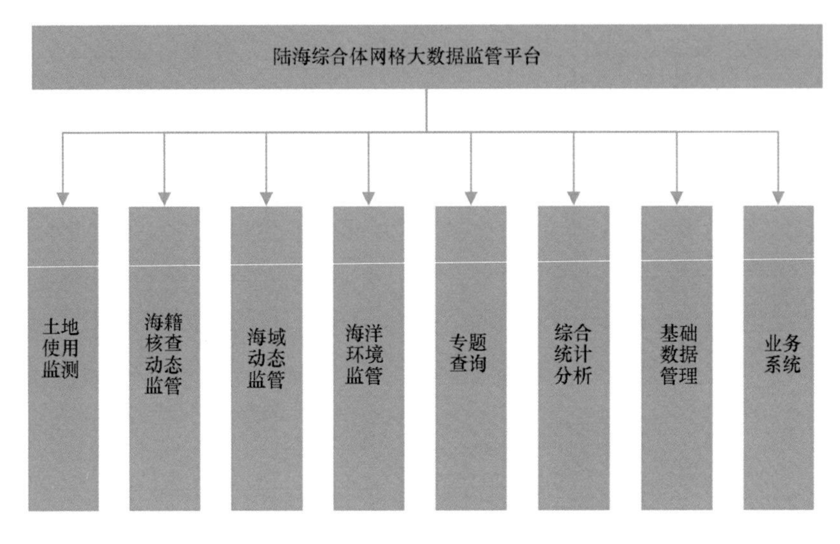

图10-2　系统总体结构图

本模块基于Ncut算法和区域分裂算法，建立分层混合专家神经网络预警模型，运用面向对象遥感信息提取技术进行土地利用总体规划动态监测示范应用，相比ENVI分析软件进行土地利用变化监测分类精度高达90%，辅以土地利用专题图信息，能很好地弥补影像无法获取地物信息的不足，实现对多源数据进行空间信息的自动化、智能化处理。该自动化、智能化提取模块的关键技术为，首先依靠影像上地物的光谱特征、几何信息和结构信息，将影像分割成不同的同质影像基元，然后借助于决策知识库，对影像基元进行模糊逻辑分类。通过对影像基元的高效构建方法、地理实体的影响特征量化表达模型、“影像基元-地理实体”推理知识库三个方面技术的研究，开发完成了面向对象（基元）的遥感影像信息提取系统。首次实现土地利用总体规划实施动态监测试点研究，对土地利用规划、计划、重大项目、重点工程及重点监测区进行了定量评价和动态监测。土地使用监测模块结构如图10-3所示。

该模块实现了约束性指标下各二级指标的数据概览和展示，其中二级指标包括耕地保有量、基本农田城乡建设用地、新增建设用地占用耕地、复垦开发补充耕地、人均城镇工矿用地等，二级指标以菜单的形式进行数据选择，选中菜单后以二级指标为筛选条件。根据“区分”列进行查询。其中“地图概览”在地图上列出各区域数据，点击区域点后可以查看详细数据项；“列表”列出数据项；“饼状图”可以查看各区分条件下的各区域数据占比；“柱形图”可以查看多个区分条件在多个区域中的数据对比。“人均城镇工矿用地”数据结构与其他不同，功能有列表和柱形图、柱形图。

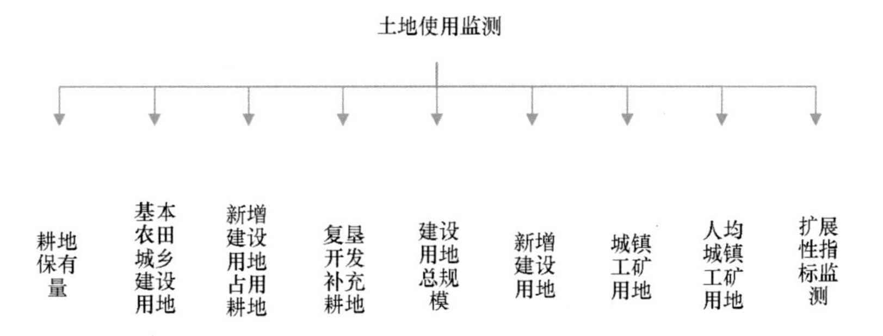

图10-3　土地使用监测模块结构图

该模块中，约束性指标表结构为“钦州市指标监测”，其中二级指标“人均城镇工矿用地”与其他表结构不同，按“钦州市人均城镇工矿用地”表结构，如图10-4～图10-7所示。

图10-4　土地监测模块

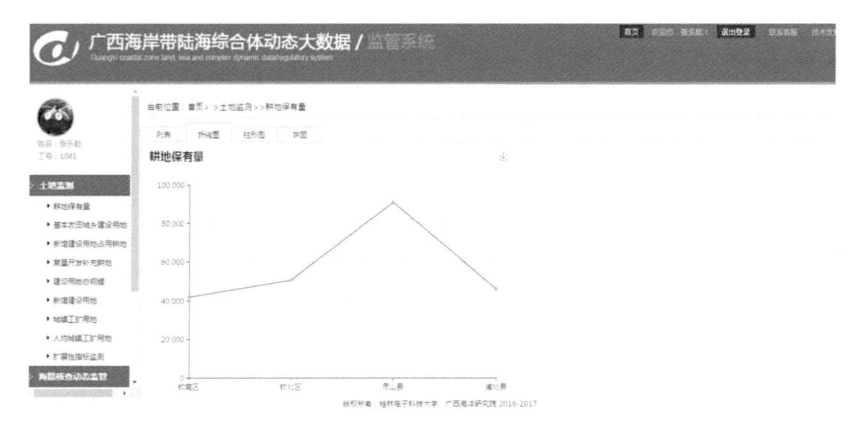

图10-5　耕地保有量折线图

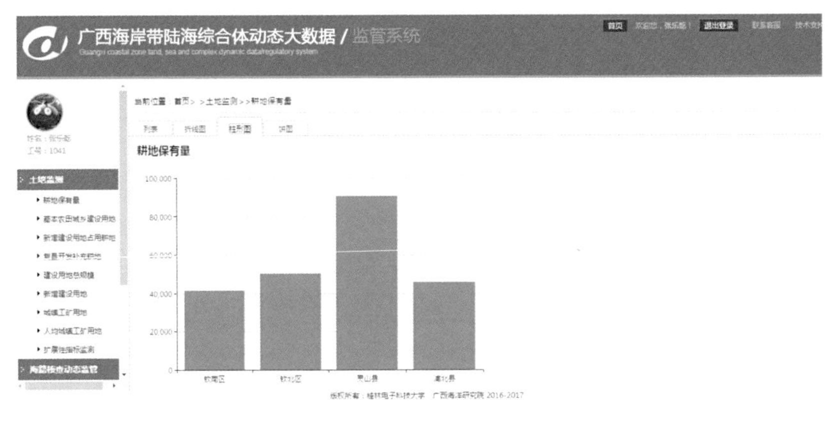

图10-6 耕地保有量柱形图

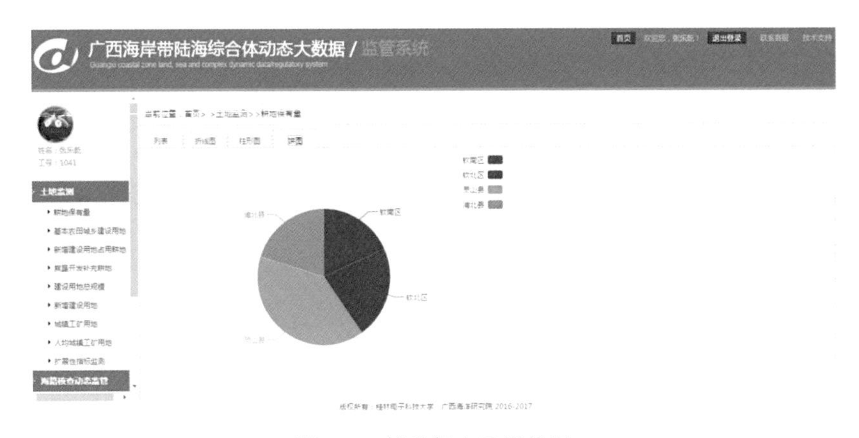

图10-7 耕地保有量饼状图

（二）海域动态监管模块设计与实现

海域动态监管模块是以计算机硬件与网络通信技术为依托，以海域海籍调查数据为基础，以数据中心集成开发平台和互联网GIS共享服务平台为支撑，以核心数据库管理和数据应用发布为主线，由信息安全标准体系和标准规范体系贯穿的多级互通、资源共享的综合数据管理应用服务体系。整个体系通过建立广西海域海籍成果数据中心，将地理信息服务（图形浏览、定位查询、空间分析等）、属性查询与统计分析、专题图件发布等GIS服务加以封装，形成集数据采集建库、数据管理、数据更新交换于一体的服务链，为广西海域海籍管理提供强大的数据和服务支撑；通过建立基于SOA（service-oriented architecture，面向服务的架构）的数据中心集成开发平台，实现专题业务模块的服务化、组件化、定制化管理；开发整合海域海籍专题数据应用服务，实现多年度、多比例尺、全区域的空间数据库分布式运行和综合管理；通过建立完善省、市、县3级的数据交换机制，实现国土系统内的信息共享和效能监督，如图10-8所示。

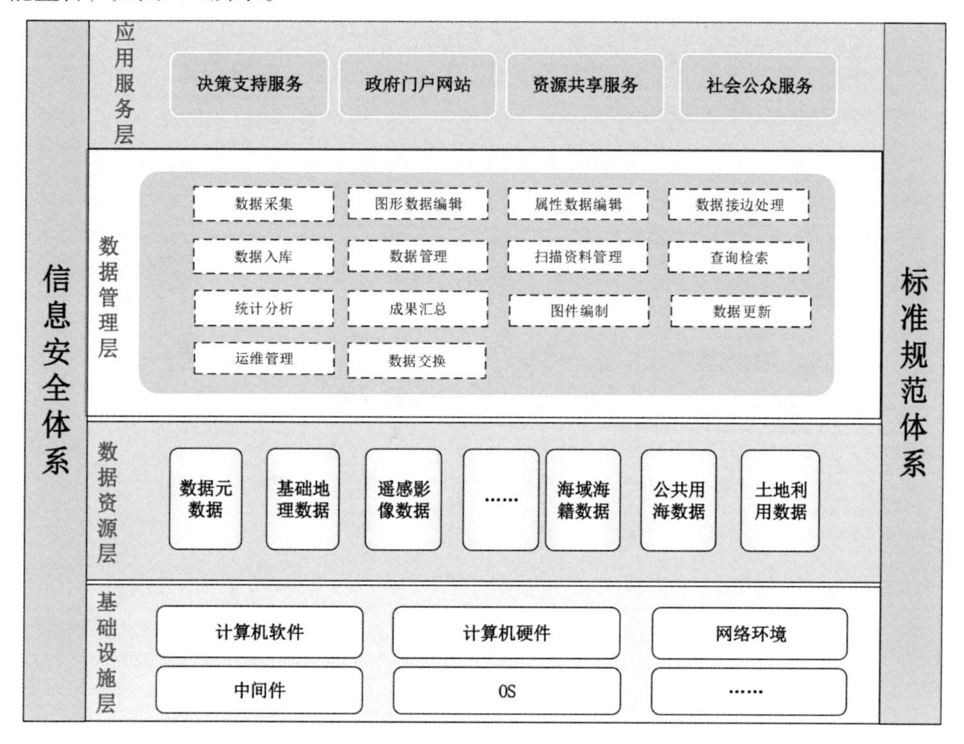

图10-8 总体技术图

海域动态监管模块总体架构包括基础设施层、数据资源层、数据管理层、应用服务层、体系架构层，各层的具体内容如下。

1）基础设施层提供计算资源、存储资源、网络资源等基础设施支撑服务和运行环境。

2）数据资源层是由基础地理数据、遥感影像数据、海域海籍数据、公共用海数据及土地利用数据等组成的自治区级海域海籍数据库，实现资源共享、统一集中管理。

3）数据管理层是针对不同专题数据的数据管理工具，包括数据的检查入库、查询、统计、分析、更新、维护及权限日志管理等，最终实现海域海籍数据库的高效管理，为应用和服务提供有效支撑。

4）应用服务层通过海域海籍调查数据库管理系统，为相关部门提供数据浏览、数据分析及辅助决策服务、资源共享服务，同时可以通过互联网发布系统，为社会公众用户等提供数据应用服务。

5）体系架构层则由信息安全体系和标准规范体系共同构成，标准规范体系包括数据规范、服务规范和应用规范，信息安全体系则包括数据、应用和服务的综合交换。

海域动态监管模块充分考虑业务的扩展需求，采用搭建式开发模式，能很方便地进行功能扩展。根据模块建设目标，主要包含以下核心功能模块：数据采集与编辑、数据检查与入库、数据组织管理、扫描资料管理、数据查询检索、统计分析、成果汇总、图件编制、数据更新、数据交换、系统配置维护。总体功能模块结构如图10-9所示。

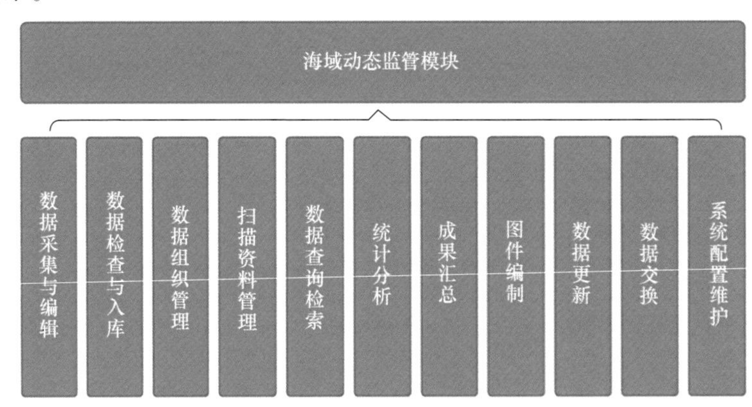

图10-9　总体功能模块结构图

该模块主要对宗海、公共用海等的面积、分布、权属和利用状况及变化规律进行全面系统的统计与分析，形成统计表格，并能生成统计直方图、饼图等。所有统计分析功能均可针对所有的专题图层，也可以事先指定对哪些专题图层进行查询分析。

（1）任意范围统计分析

对任意给定的范围能查询范围内各种专题数据，并能对查询结果按给定的条件统计、输出图形和表格。

该功能最突出、最实用的地方之一是可以对跨市县的海域海籍成果进行统计分析，如要统计广西某几个县的海域海籍调查成果数量或分布等，就需要用到这一功能。统计结果中包含图形和属性两部分，图形部分可以看到统计范围的空间数据成果，属性部分可以看到统计范围内空间数据的属性信息，同时可以看到该范围的统计结果表格，如图10-10所示。

（2）缓冲区统计分析

对选定的宗海、公共用海等按给定的缓冲区半径查询该缓冲区内各种专题数据，并能对查询结果按给定的条件统计、输出图形和表格。

缓冲范围可以从图上直接选取，也可以是提供的坐标或空间图形；缓冲区半径可以自定义设置，如图10-11所示。

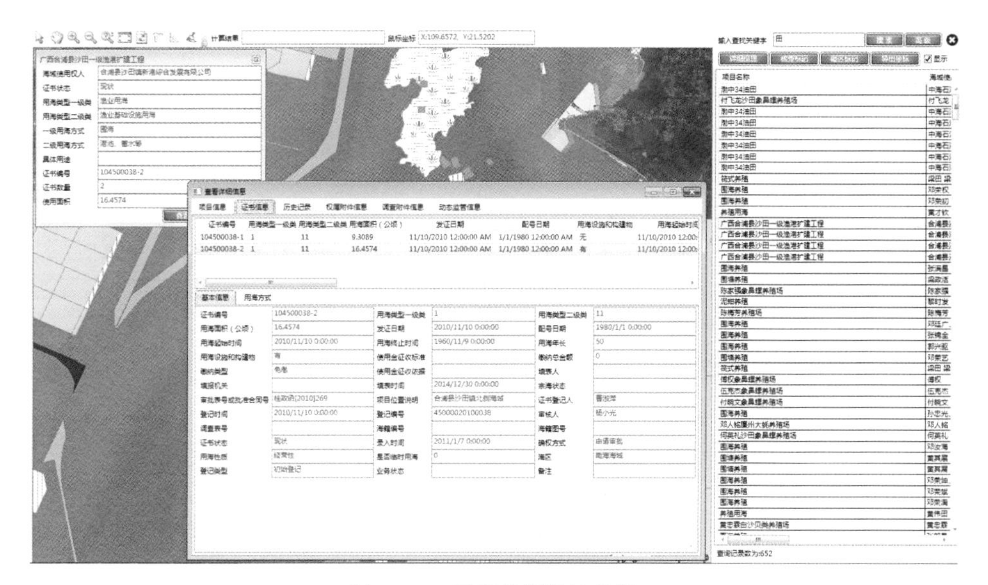

图10-10　任意范围统计分析

图10-11　缓冲区统计分析

（3）条件统计分析

模块可以按用户指定的行政单位，针对某一特定的地类或专题数据进行统计分析，输出统计表格，为宏观决策提供数据服务，如图10-12所示。

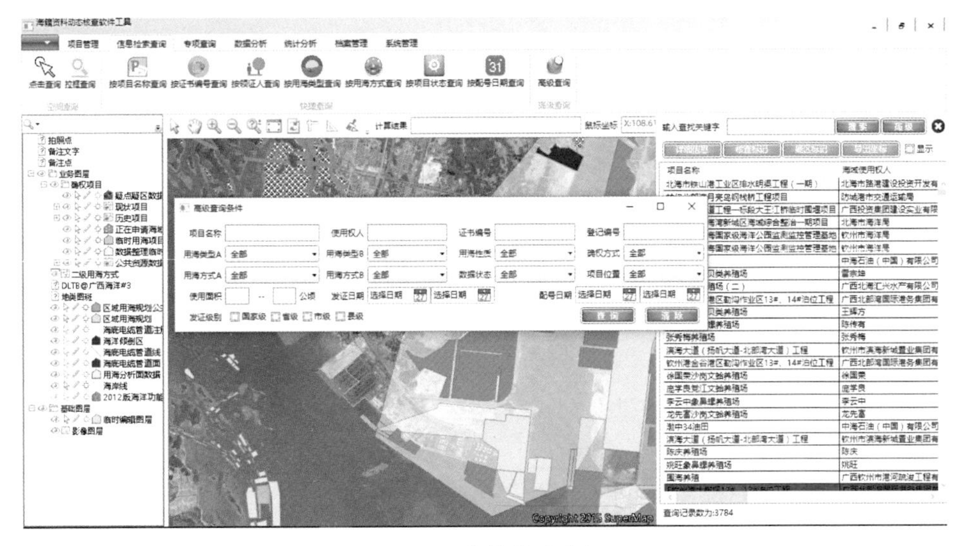

图10-12　条件统计分析

（4）专题分析

支持以县为统计单元的各类专题数据分析，如海域使用权属原始信息分析，公共用海信息情况分析，海岸线专题分析，红树林专题分析，海洋牧场专题分析，如图10-13～图10-15所示。

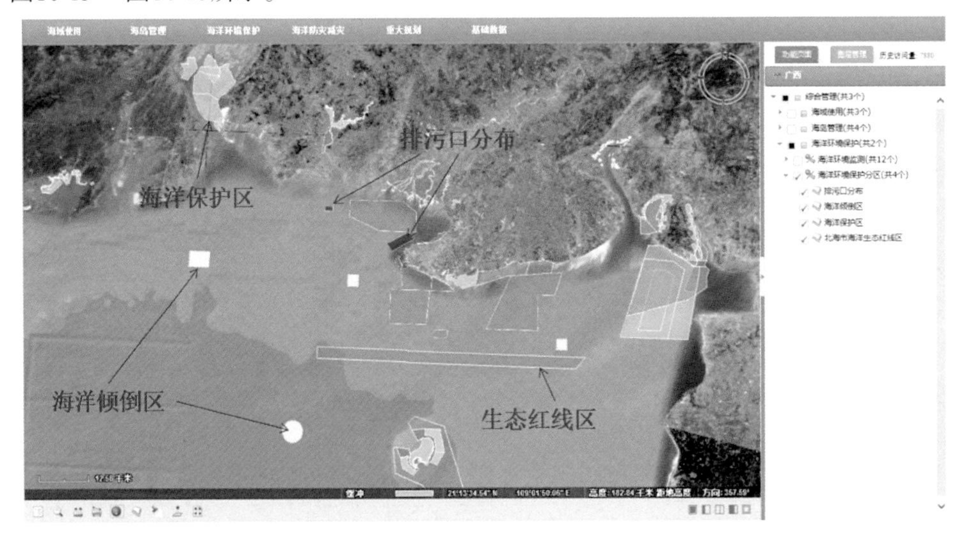

图10-13　海洋环境保护专题

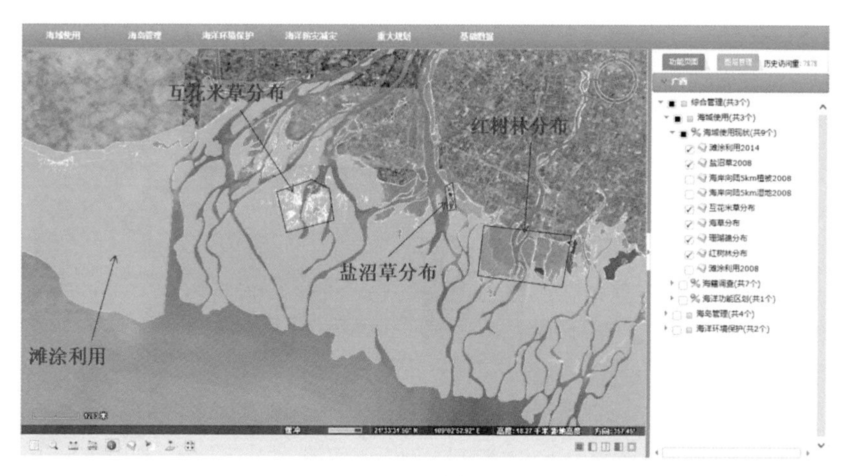

图10-14　海域使用现状

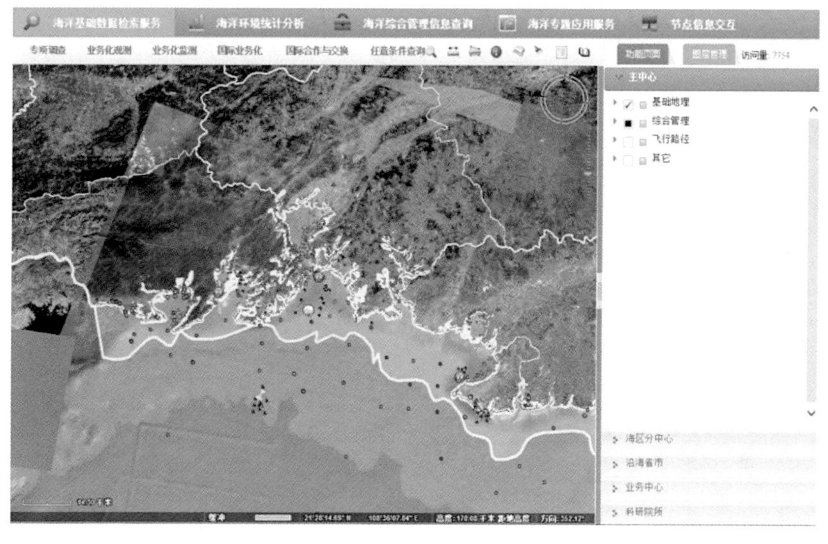

图10-15　陆海基础地理数据

第二节　海岸带资源与权属调查监管系统建设

广西壮族自治区位于我国沿海西南端，是西部地区唯一的沿海省级行政区。全区海洋资源丰富，海岸线迂回曲折，亚热带、热带海洋生态特征显著。要坚持在发展中保护、在保护中发展的原则，合理配置海域资源，优化海洋开发空间布局，实现规划用海、集约用海、生态用海、科技用海、依法用海，促进经济平稳较快发展和社会和谐稳定。

广西海域拥有丰富的生物及非生物资源，由于缺乏统筹协调机制，各个部门、行业分别制定和实施行业用海规划，造成海洋资源使用管理的各种问题不断出现，如由权属不明引起的权属纠纷，因缺乏监管手段导致的超填违填等。这些问题不仅使海域权属使用者的权益受损，还会影响海洋相关行业的协调发展，甚至造成海洋环境恶化，海洋资源衰退，严重影响海洋的可持续发展。因此，加强海域使用管理、提高管理的信息化水平成为解决上述问题的有效途径。

近年来，随着海洋数据和海域管理理论的发展，如何对积累的海洋原始调查资料进行利用和科学管理，如何保护海洋环境和利用海洋资源以及如何为海洋管理提供决策支持已经成为迫切需要研究解决的问题。广西壮族自治区海洋局与广西壮族自治区海洋研究院共同出台了《广西海域海籍基础调查技术规程（初稿）》、《广西海域海籍基础调查工作细则（初稿）》、《广西海域海籍基础调查数据库标准（初稿）》、《广西海域海籍基础调查成果检查验收实施细则（初稿）》、《广西海域海籍基础调查成果档案管理办法（初稿）》等标准规范，为广西海域海籍调查管理提供了可靠的技术依据，若想实现科学用海、依法管海，就需要建立一套标准一致、数据共享、信息集成、科技含量高的海域海籍调查数据库管理系统[4]。通过海域海籍调查数据库管理系统，海洋管理部门可以掌握动态变化的海籍信息，为海域管理提供现代化技术手段，为海域管理奠定坚实的基础依据，从而有利于提高自治区海洋资源开发利用和海域使用管理的科学性与规范性，有利于提高海域资源综合利用率和保护与改善海洋生态环境、加强海洋资源环境研究和优化海洋经济发展。

本书中基于GIS的海岸带资源与权属调查监管系统实现了对广西区域海洋的地籍数据进行全面、统一的整理和建库，利用GIS，结合海籍业务管理进行了系统开发，并建立了海籍数据库的核查和更新机制，为长期有效的管理和维护海籍业务，不断完善海域管理的体制机制，严格执行项目用海预审、审批制度和围填海计划，健全海域使用权市场机制提供了可靠的技术手段。

（一）总体思路与架构设计

以地理信息系统为图形平台，以大型的关系型数据库为后台管理数据库，存储各类海域海籍成果数据，实现对基础地理数据、境界与行政区数据、海域海籍数据、公共用海数据等图形、属性、栅格影像空间数据及其他非空间数据的一体化管理，借助网络技术，采用集中式与分布式相结合的方式，有效存储与管理调查数据。考虑到海域海籍变更调查需求，采用多时域空间数据管理技术，实现对土地利用数据的历史回溯[5]。

本系统的设计编写，参考以下法律法规、标准和规范：《海籍调查规范》（HY/T 124—2009）、《海域使用分类》（HY/T 123—2009）、《海岸带制图图式》

（HY/T 164—2013）、《广西海域海籍基础调查技术规程（初稿）》、《广西海域海籍基础调查工作细则（初稿）》、《广西海域海籍基础调查数据库标准（初稿）》、《广西海域海籍基础调查成果检查验收实施细则（初稿）》、《广西海域海籍基础调查成果档案管理办法（初稿）》、《第二次全国土地调查技术规程》（TD/T 1014—2007）、《城镇地籍调查规程》（TD/T 1001—1993）、《全球定位系统城市测量技术规程》（CJJ/T 73—2010）、《工程测量规范》（GB50026—2007）。

海域动态监管模块是以计算机硬件与网络通信技术为依托，以海域海籍调查数据为基础，以数据中心集成开发平台和互联网GIS共享服务平台为支撑，以核心数据库管理和数据应用发布为主线，由信息安全体系和标准规范体系贯穿的多级互通、资源共享的综合数据管理应用服务体系。系统基于SuperMap GIS平台，采用C/S和J2EE的技术架构；总体架构分为4个层次，分别为支撑层、数据层、平台层以及系统应用层，如图10-16所示。

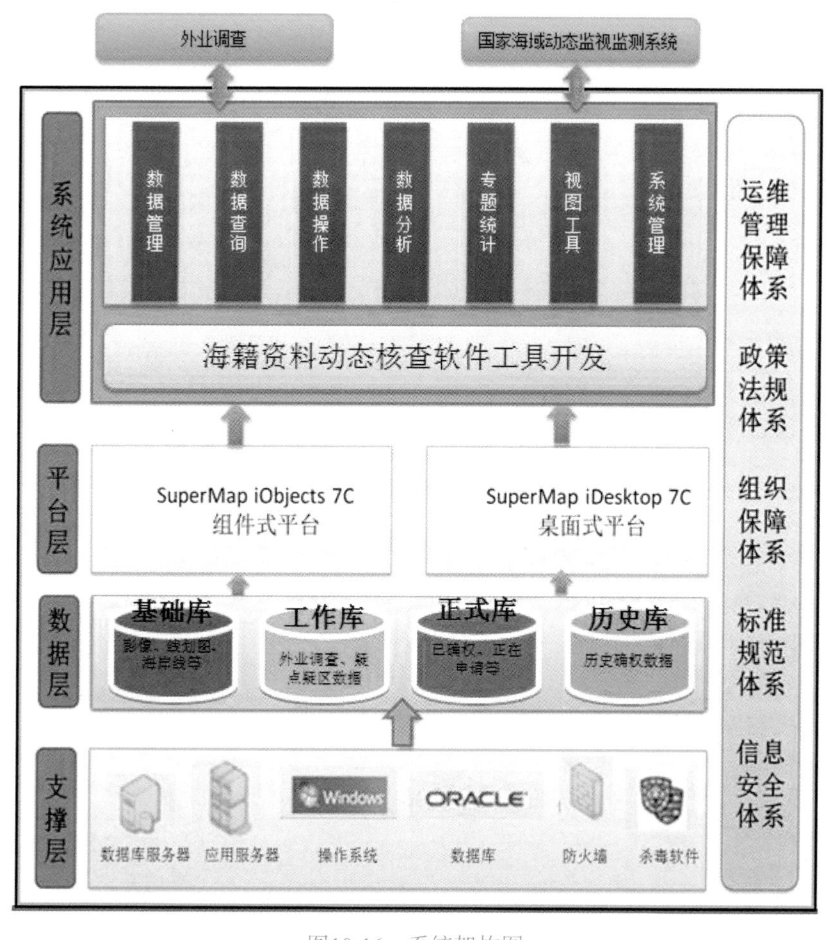

图10-16　系统架构图

系统应用层是基于超图基础地理信息平台软件产品的接口，通过二次开发，提供可直接供用户操作使用的应用系统。平台层主要面向开发者，通过提供一系列标准规范的开发接口，方便开发者快速搭建或集成业务系统。数据层是系统运行和服务的基础，由基础库、工作库、正式库、历史库组成。基础库主要包括1：5000线划数据、行政区划图、区域规划公共设施数据、区域用海规划数据、用海分析面数据、“908”专项海岸线数据、海洋功能区划数据、区域公共资源数据、影像数据。工作库主要包括外业调查数据、疑点疑区数据、区域海岸线数据。正式库主要包括正在申请项目数据、已确权项目数据、临时用海项目数据、临时确权项目数据。历史库主要包括历史确权项目数据。支撑层是系统运行的支撑与保障，由网络设备、支撑软件和保障系统（信息安全体系、标准规范体系、组织保障体系、政策法规体系、运维管理保障体系）等内容组成，如图10-17和图10-18所示。

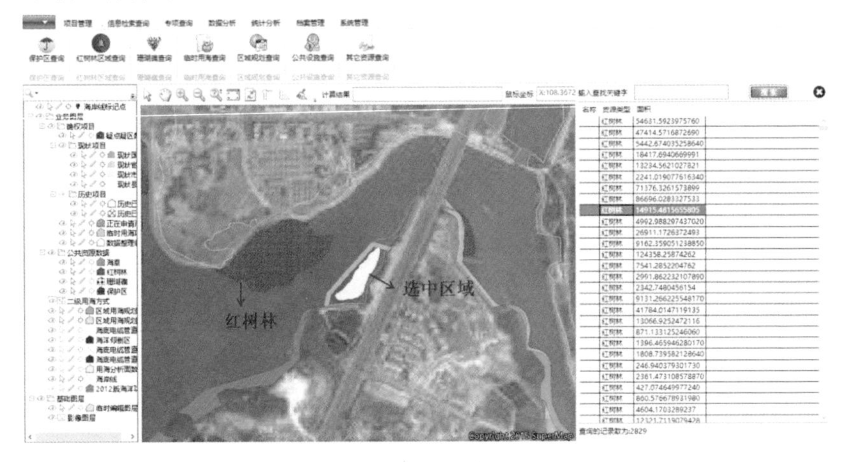

图10-17　红树林专题查询

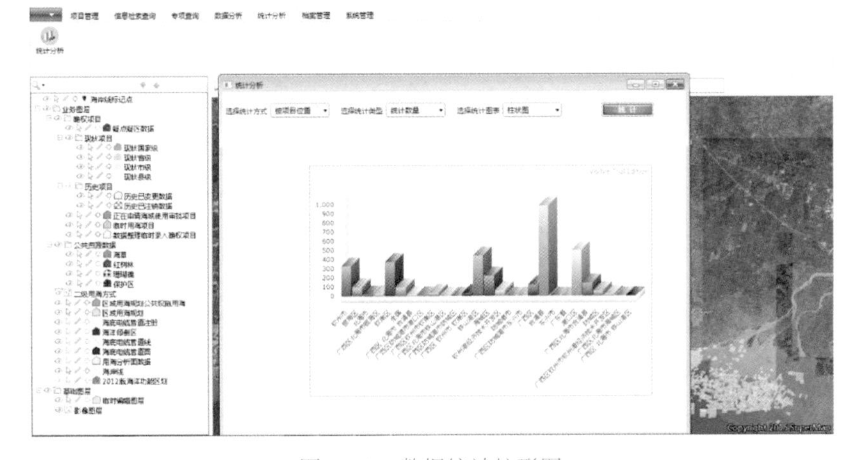

图10-18　数据统计柱形图

（二）数据库编码体系及数据检查

1. 数据库编码体系

为规范农村海域海籍调查成果数据库，根据对数据格式的要求，在参照国家、自然资源部、自治区有关标准的基础上，建立海域海籍调查成果数据库建设统一标准编码体系。

建立编码体系应遵循以下原则：对于国家及国土资源部已经有编码规定的内容，完全遵照规定进行编码；在对不同来源、不同介质的数据进行整合建设的同时，最大限度地提高数据库对各种数据的适应性；在尽量保证各类数据信息完整性的基础上，灵活定义数据操作所需的配置信息，将已建成基础数据资源纳入数据库实现应用。

此编码体系适用于广西北部湾陆海综合体动态监管技术体系，以提供数据库编码规范，并供系统前期设计人员、程序开发人员和后期维护人员交流使用。

（1）空间要素编码

海域海籍调查成果数据库编码体系定义如下：

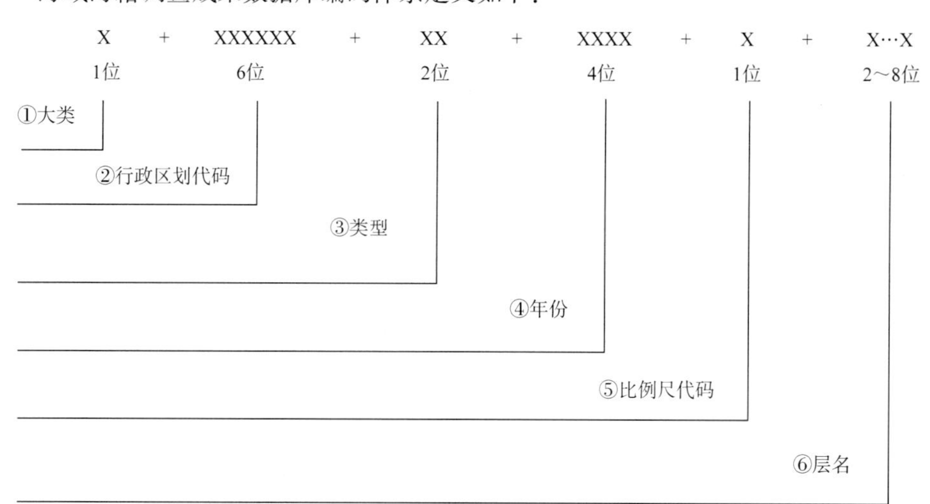

编码规则说明如下。

1）大类：“D”代表“地政”。

2）行政区划代码：仅限6位。

3）类型：参照国家标准。

4）年份：没有年份的数据用null（0000）代替。

5）比例尺代码：采用1∶2000比例尺，比例尺代码为I。

6）层名：依据海域海籍要素数据分层属性表名制定。

（2）影像要素编码

影像库中所包含的单幅影像以对应的图幅号进行命名。

（3）宗海号命名规则

沿用原有宗海编号，如2012B45079101999。

2. 数据检查与入库

数据检查主要包括图层检查、属性结构检查、属性值检查、拓扑检查、空间拓扑关系检查、面积核查、总检查。数据检查结合工作流的思想，实现了检查数据的流程化，能够更方便、快捷地检查数据。通过工作流可以自行搭建检查项，如图10-19所示。

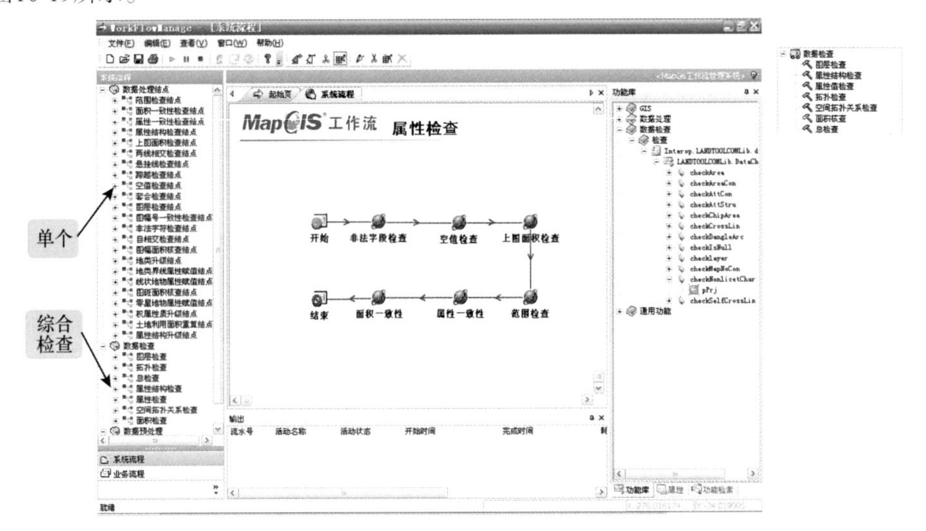

图10-19　数据检查流程

将通过质量检查的县级海域海籍调查数据库成果批量上载入库，存储在制定的SQL SERVER数据库或Oracle数据库中。在入库的同时自动处理图形带号，依据模板整理文件命名，分离线、点、注记文件，处理图形显示参数等，并记录翔实的入库日志。

（三）功能设计及关键技术实现

海岸带资源与权属调查监管系统充分考虑业务的扩展需求，采用搭建式开发模式，能很方便地进行功能扩展。根据系统建设目标，其主要包含以下核心功能模块：项目管理、信息检索查询、专项查询、数据分析、统计分析、档案管理、系统管理。其中，每个大的功能模块下又有很多子功能模块。总体功能模块结构如图10-20所示。

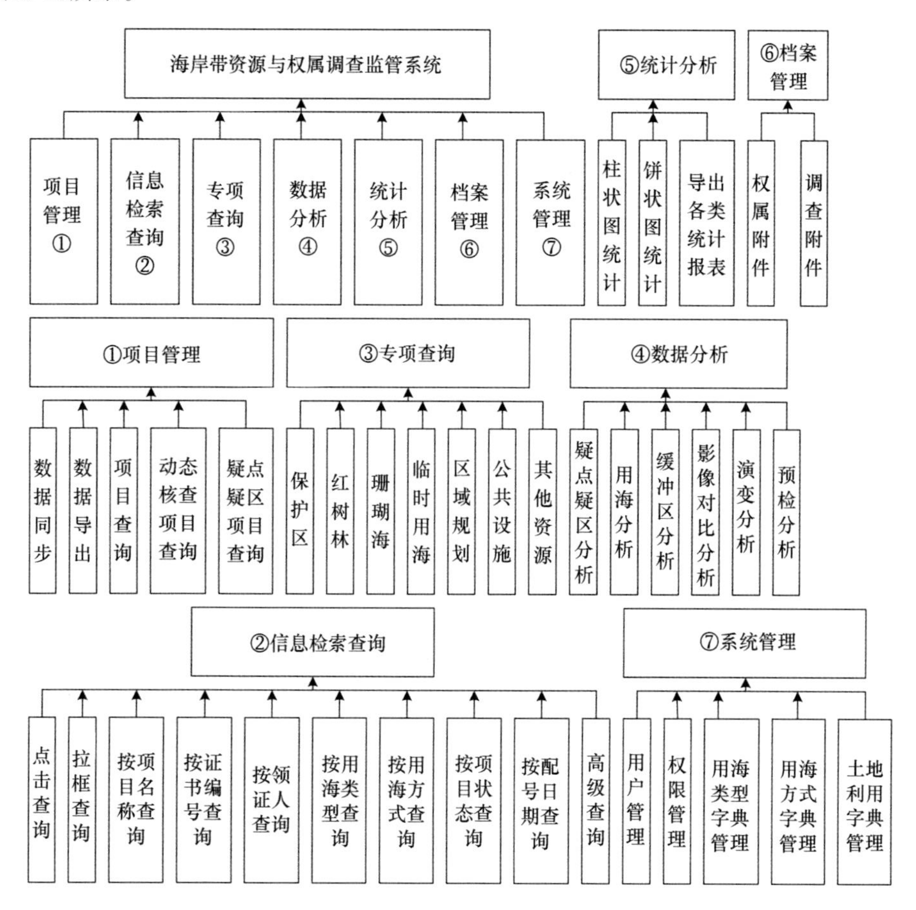

图10-20　系统功能框架图

1. 不规则图斑面积计算

由于地球是一个椭球体，因此地面应该是一个椭球面。但在大多数的土地项目中，如农村土地经营权确权，由于地类图斑的面积较小，图斑的经纬度跨度也很小，为了方便计算，均是采用二维平面的图斑面积代替实际的图斑椭球面积。

传统的任意多边形面积计算方法有多种，但均存在切分或计算复杂的缺点，如三角形剖分，虽计算简单，但对于凹凸多边形的情况剖分过于复杂；图形学中的扫描线法，先将多边形分割成三角形与梯形，然后将交点存入活性边表后再计算面积，分割情况过于灵活及复杂，程序难以实现。因此，我们通常采用O'Rourke在《Computational Geometry in C》（1998年）中提到的一种易于实现程序化的任意多边形面积计算方法。该方法依据的定理是：任意多边形的面积可由任意一点与多边形上依次两点连线构成的三角形矢量面积求和得出[6]。对于图10-21中的多边形，其面积计算公式如下（x、y分别表示多边形各顶点的x、y平面坐标）：

$$\begin{aligned} S &= \sum_{k=1}^{n} S_{\Delta \mathrm{OP}_k \mathrm{P}_{k+1}} + S_{\Delta \mathrm{OP}_n \mathrm{P}_1} \\ &= \frac{1}{2}\sum_{k=1}^{n}\left(x_k y_{k+1} - x_{k+1} y_k\right) + \frac{1}{2}\left(x_n y_1 - x_1 y_n\right) \end{aligned} \tag{10-1}$$

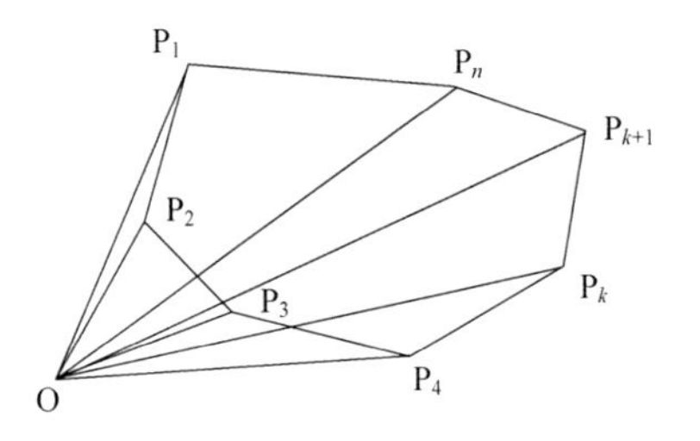

图10-21　任意多边形

在海洋研究领域，由于海洋的疆域广阔，图斑面积大，经纬度跨度也很大，若仍用平面多边形的面积代替图斑的椭球面积，将会出现较大误差。因此，本书采用基于椭球大地坐标的真正椭球面积计算公式来计算宗海的椭球图斑面积。计算步骤分两步：先将高斯平面坐标换算为相应椭球的大地坐标，然后应用公式计算图斑椭球面积。坐标转换公式如下：

$$y' = y - 500\,000 - \text{带号} \times 1\,000\,000 \tag{10-2}$$

$$E = K_0 x \tag{10-3}$$

$$B_f = E + \cos E(K_1 \sin E - K_2 \sin^3 E + K_3 \sin^5 E - K_4 \sin^7 E) \tag{10-4}$$

$$\begin{aligned} B = B_f &- \frac{1}{2}\left(V^2 t\right)\left(\frac{y'}{N}\right) + \frac{1}{24}\left(5 + 3t^2 + \eta^2 - 9\eta^2 t^2\right) \\ &\times \left(V^2 t\right)\left(\frac{y'}{N}\right)^4 - \frac{1}{720}\left(61 + 90t^2 + 45t^4\right)\left(V^2 t\right)\left(\frac{y'}{N}\right)^6 \end{aligned} \tag{10-5}$$

$$\begin{aligned} L = &\left(\frac{1}{\cos B_f}\right)\left(\frac{y'}{N}\right) - \frac{1}{6}\left(1 + 2t^2 + \eta^2\right)\left(\frac{1}{\cos B_f}\right)\left(\frac{y'}{N}\right)^3 \\ &+ \frac{1}{120}\left(5 + 28t^2 + 24t^4 + 6\eta^2 + 8\eta^2 t^2\right)\left(\frac{1}{\cos B_f}\right)\left(\frac{y'}{N}\right)^5 \\ &+ \text{中央子午线经度值（弧度）}; \end{aligned} \tag{10-6}$$

式中，$t = \tan B$，L表示大地经度，B表示大地纬度；$\eta^2 = e'^2 \cos^2 B$; $N = C / V$, $V = \sqrt{1 + \eta^2}$；K_0, K_1, K_2, K_3, K_4为与椭球常数有关的量；

基于椭球大地坐标的椭球面积计算公式如下：

$$\begin{aligned} S = 2b^2\Delta L[\ & A\sin\frac{1}{2}(B_2 - B_1)\cos B_m - B\sin\frac{3}{2}(B_2 - B_1) \\ & \times\cos 3B_m + C\sin\frac{5}{2}(B_2 - B_1)\cos 5B_m \\ & - D\sin\frac{7}{2}(B_2 - B_1)\cos 7B_m + E\sin\frac{9}{2}(B_2 - B_1)\cos 9B_m\ ] \end{aligned} \tag{10-7}$$

式中，A、B、C、D、E 为常数，按下式计算：

$$e^2 = \frac{(a^2 - b^2)}{a^2} \tag{10-8}$$

$$A = 1 + \frac{3}{6}e^2 + \frac{30}{80}e^4 + \frac{35}{112}e^6 + \frac{630}{2304}e^8 \tag{10-9}$$

$$B = \frac{1}{6}e^2 + \frac{15}{80}e^4 + \frac{21}{112}e^6 + \frac{420}{2304}e^8 \tag{10-10}$$

$$C = \frac{3}{80}e^4 + \frac{7}{112}e^6 + \frac{180}{2304}e^8 \tag{10-11}$$

$$D = \frac{1}{112}e^6 + \frac{45}{2304}e^8 \tag{10-12}$$

$$E = \frac{5}{2304}e^8 \tag{10-13}$$

式中，a为椭球长半径（单位：米），b为椭球短半径（单位：米）；ΔL为图块经差（单位：弧度）；$(B_2 - B_1)$ 为图块纬差（单位：弧度），$B_m = (B_1 + B_2)/2$。

2. 多图层管理及叠加分析

海岸带资源与权属调查监管系统需要对确权现状、历史确权、公共用海、功能区域规划、保护区、红树林、珊瑚礁、海草等多种资源数据进行综合管理与显示。本书通过采用TreeList控件的展示方式，实现对多图层的管理，可以通过显示、隐藏图层来实现对多图层数据的处理和叠加显示，并且不同图层以不同颜色显示。另外，系统可以通过向TreeList中新增叶子节点的方式，快速地添加新图层，如图10-22所示。

3. 拉框查询及陆海空间拓扑检查

拓扑处理是针对线数据集（或者网络数据集）进行检查，随后系统会自行更改数据集中错误的拓扑关系[7]。拓扑检查则提供了详细的规则可以对点、线、面数据

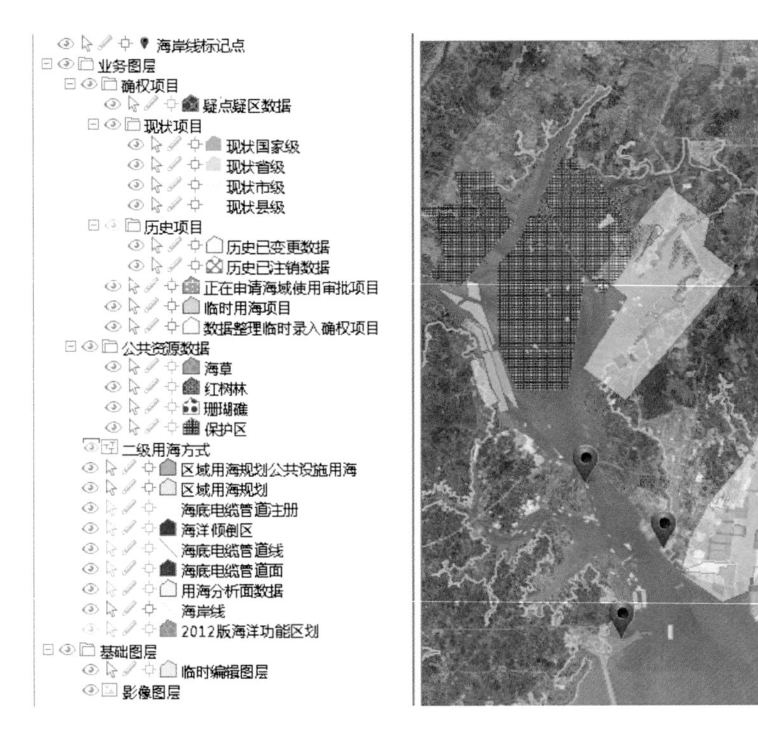

图10-22　多图层管理及叠加显示

集进行更加细致的检查，系统会将拓扑错误保存至新的结果数据集上，用户可对照结果数据集自行修改。用于拓扑处理的7种规则包括去除假结点、去除冗余点、去除重复线、去除短悬线、长悬线延伸、邻近端点合并和进行弧段求交。在进行拓扑处理时，需要对不同规则设置相应的容限，以达到最佳的处理效果。动态投影技术不改变数据库中成果数据，将调阅结果动态地投影到用户设定的投影带下显示，用于解决不同县区的参考系不同时，需要将数据进行投影变换才能拼接在一起浏览查询的问题。

系统实现了通过在图层上拉选一个矩形框的方式，对框选区域内的所有图层进行叠加分析统计，将框选区域内的所有记录以列表的方式显示出来，并可以导出统计结果，如图10-23所示。

4. 缓冲区查询及空间叠加分析

系统实现了对选定的宗海、公共用海等按给定的缓冲区半径查询该缓冲区内各种专题数据，并能对查询结果按给定的条件统计、输出图形和表格。缓冲范围可以从图上直接选取，也可以是提供的坐标或空间图形数；缓冲区半径可以自定义设置，如图10-24所示。

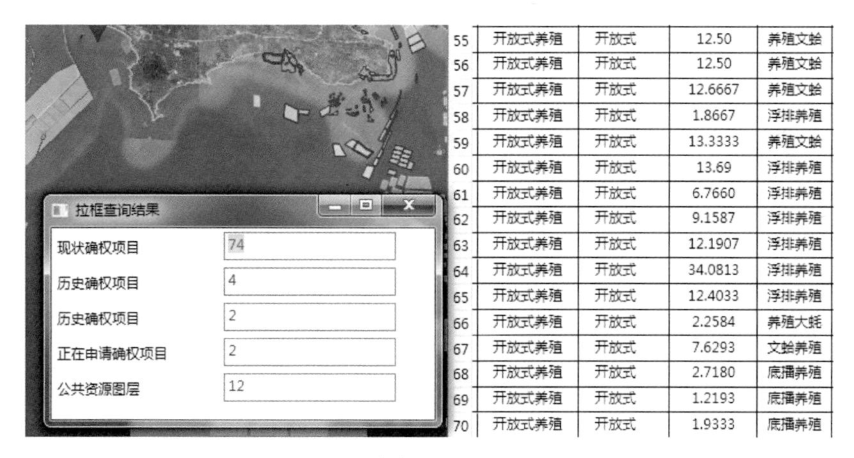

55	开放式养殖	开放式	12.50	养殖文蛤
56	开放式养殖	开放式	12.50	养殖文蛤
57	开放式养殖	开放式	12.6667	养殖文蛤
58	开放式养殖	开放式	1.8667	浮排养殖
59	开放式养殖	开放式	13.3333	养殖文蛤
60	开放式养殖	开放式	13.69	浮排养殖
61	开放式养殖	开放式	6.7660	浮排养殖
62	开放式养殖	开放式	9.1587	浮排养殖
63	开放式养殖	开放式	12.1907	浮排养殖
64	开放式养殖	开放式	34.0813	浮排养殖
65	开放式养殖	开放式	12.4033	浮排养殖
66	开放式养殖	开放式	2.2584	养殖大蚝
67	开放式养殖	开放式	7.6293	文蛤养殖
68	开放式养殖	开放式	2.7180	底播养殖
69	开放式养殖	开放式	1.2193	底播养殖
70	开放式养殖	开放式	1.9333	底播养殖

图10-23　拉框查询及叠加分析

16	建设填海造地	填海造地	28.9368	5万吨/年复合剂生产
17	建设填海造地	填海造地	7.94	
18	填海造地		2.55	
19	港池、蓄水等	围海	2.44	泊位
20	非透水构筑物	构筑物	0.88	码头
21	建设填海造地	填海造地	0.3618	防港设施建设
22	建设填海造地	填海造地	18.9414	码头建设
23	建设填海造地	填海造地	0.1824	用于防港设施建设
24	建设填海造地	填海造地	11.8646	用于防港设施建设。
25	透水构筑物	构筑物	2.34	引桥及码头

图10-24　拉框叠加统计分析结果列表图

5. 遥感及航拍影像卷帘对比分析技术

系统利用图层的裁剪和覆盖技术，实现了对两幅不同年份影像进行卷帘分析对比。首先将两个图层加载两幅不同的影像进行重合覆盖显示，然后根据鼠标的拖动方向和位置，对上面图层的区域进行相应的裁剪，实现一个画卷的卷帘效果，左边一部分是一个年份的影像，右边一部分是另一个年份的影像，两边拼接成一副完整的影像。

6. 附件管理及关联

对于相关纸质文件说明资料，扫描后形成附件材料与要素图层属性信息挂接，便于查看和管理。为了确保上载后的扫描资料能够与图形数据库实现联动查询，上载之前必须对资料进行规范命名，即命名具有相对唯一性，能够与图形属性关联。系统使用 WNetAddConnection2A 和 WNetCancelConnection2A等应用程序接口（application program interface，API），实现对网络共享文件夹的访问，采用

StreamWriter的网络文件流读写方式，将附件上传到服务器的共享文件夹中。将扫描资料与图层属性信息挂接后，可通过点击图元属性对挂接的扫描资料进行查询浏览，也可以通过条件查询等方式对挂接的扫描资料进行查询，如图10-25所示。

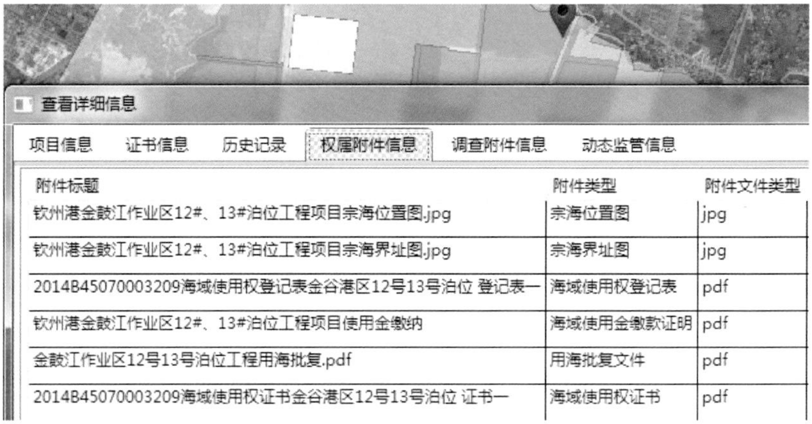

查看详细信息

项目信息 证书信息 历史记录 权属附件信息 调查附件信息 动态监管信息

附件标题	附件类型	附件文件类型
钦州港金鼓江作业区12#、13#泊位工程项目宗海位置图.jpg	宗海位置图	jpg
钦州港金鼓江作业区12#、13#泊位工程项目宗海界址图.jpg	宗海界址图	jpg
2014B45070003209海域使用权登记表金谷港区12号13号泊位 登记表一	海域使用权登记表	pdf
钦州港金鼓江作业区12#、13#泊位工程项目使用金缴纳	海域使用金缴款证明	pdf
金鼓江作业区12号13号泊位工程用海批复.pdf	用海批复文件	pdf
2014B45070003209海域使用权证书金谷港区12号13号泊位 证书一	海域使用权证书	pdf

图10-25　图斑及其附件关联

第三节　海洋生态环境监测系统建设

海洋浮标是进行海洋环境自动化监测的设备，具有自动、长期、连续收集海洋环境资料的能力，被越来越多的国家广泛使用在海洋资源开发、环境预报、国防建设和科学研究上。我国的浮标研究始于20世纪60年代，受当时国情和工业技术的影响，浮标研究仅处于实验阶段，未投入业务运行，代表成果是H23、HFB-1、南孚一号、南孚二号浮标[8]。1987年以后，我国实行改革开放政策，引进了英国的MAREX浮标，在北海、东海、南海初步建立了一个浮标监测团队。2002年初我国正式加入Argo计划，成立中国Argo实时资料中心，承担中国Argo浮标的布放、实时资料的接收和处理、资料质量控制技术/方法的研究与开发等任务。浮标监测技术开始迅速发展，取得了一系列的研究成果。近年来我国和沿海省（自治区、直辖市）开始着手集水文、气象、水质、生物等指标于一体的海洋在线自动监测浮标系统的开发应用，可获取近海常规水文、气象、水质、生物等指标数据，用于反映海洋环境状况。

（一）总体思路

广西壮族自治区海洋局于2012年开始启动“广西海洋环境保护实时监控能力建设”方案，至今共投放了19套海洋监测浮标，包括16套水质监测浮标和3套水文气象监测浮标，可以获取包括常规水文、气象、水质（含营养盐）、放射性监测等在内的参数数据，为海洋生态环境保护和防灾减灾提供决策支撑，为社会公众提供海洋生态环境状况实时信息服务，为节能减排提供环境基础资料。

海洋生态环境监测系统采用多源数据集成、多级管理模式设计。在数据源头上，对浮标采集数据和人工监测数据进行分类集成管理；在不同管理层级上，监测总站可对监测数据进行网络化管理，纵向可向自然资源部上报或共享数据，横向可供各监测点之间实现数据共享。

系统是为辅助自然资源部海洋监测数据平台进行海洋管理而开发的数据整合平台，是海洋生态监测整合的完美体现。它包括从浮标采集数据到监测点人工采集数据等不同来源的各类数据，涵盖了数据收集、处理整合、统计分析等业务范畴，将生态监测各类信息融合成一个有机的整体，为广西海洋生态监测信息化的发展与长期应用奠定了坚实的基础。

将仪器监测和实验室检测的数据进行比对分析，提出对浮标监测探头的软硬件进行升级的技术方案，并研发基于北斗导航系统的海洋监测系统，建立海洋生态信息监测和分析系统的模型，设计海洋生态监测系统（包括样本采集系统与数据处理系统），提交设计报告和设计图纸，以期为后续的研究和开发提供良好的设计思路与技术方案。

深入调查研究，分析项目需求，做好总体设计。做出初步方案和基本构想后，按项目的要求与项目组成员以及相关研究人员逐一讨论系统开发可行性以及主要流程设计，反复征求意见。涉及数据计算之间和工作流程之间的具体问题，弄清相互交叉关系，认真地做好预处理工作。若在实施过程中出现偏差和错误，及时请教专家，并与同行交流沟通，尽快从弯路中走出来。

若想出色地完成海洋生态环境监测系统建设，应该着重从4个方面入手：扎实地研究软件开发技术、北斗导航技术以及海洋生态监测领域技术，奠定良好的项目研究基础；细致深入地研究和分析办公的具体流程、思想以及处理数据的原理和方法，保证业务的理解正确；完全彻底地遵循系统开发的技术准则来开发项目，为项目后续工作的实用性和持续性打下基础；做好完整的、科学的阶段评审，真正做好做实每一个假设、论证和实现。

北部湾海洋生态环境智能监测系统构建工作的流程如图10-26所示。

（二）技术架构设计

系统的技术架构是一个由应用基础框架和应用组件构成的复合平台。系统设计基于.NET规范，以符合.NET规范的IIS应用服务器为应用基础框架，以C#+SQL Server 2008 R2为应用组件。

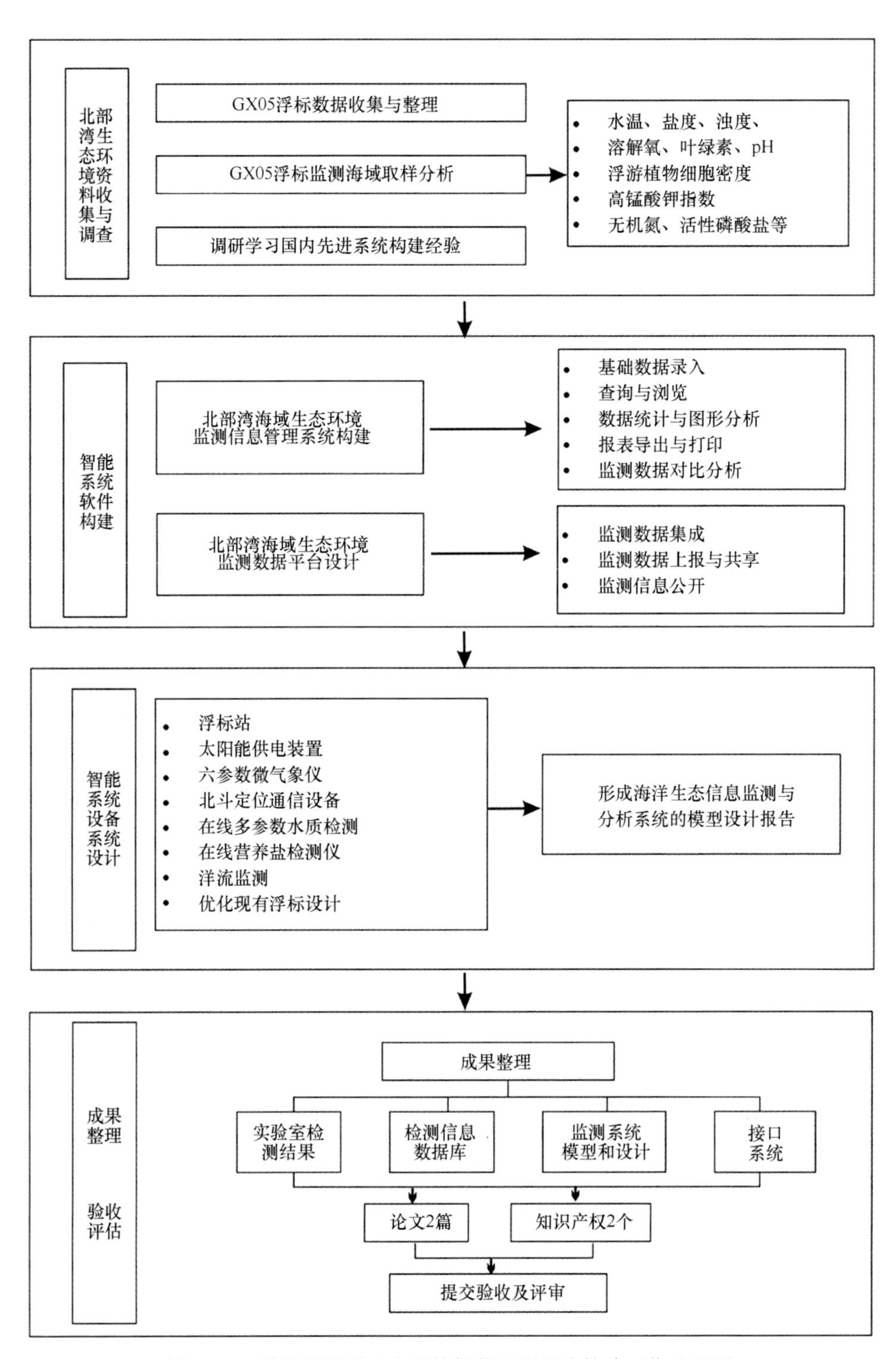

图10-26　北部湾海洋生态环境智能监测系统构建工作流程图

平台采用先进的、流行的三（多）层技术体系架构，分别为用户界面表示层（UI）、业务逻辑层（BLL）、数据访问层（DAL）、Common类库、Entity Class实体类，如图10-27所示。

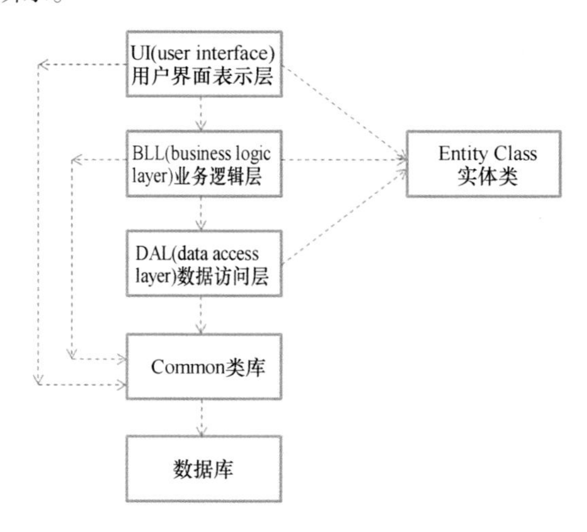

图10-27　平台技术架构

用户界面表示层（UI）：负责与用户进行交互，显示、接收数据，与此同时，做一些简单逻辑处理，如输入数据有效性判断、显示各种异常、处理Dataset记录集数据。它只与业务逻辑层（BLL）、Entity Class实体类两个项目发生关联，可能与Common类库发生关联。

业务逻辑层（BLL）：是整个平台的核心，它承担了所有的逻辑判断任务，实现了程序的功能，它是灵活的。业务逻辑层既是调用者，又是被调用者，因此，要适当地进行设计以达到解耦的效果。业务逻辑层只关联数据访问层和Entity Class实体类，可能关联Common类库。虽然业务逻辑层被用户界面表示层调用，但是业务逻辑层无须关心用户界面表示层的情况。程序每一个功能在业务逻辑层都对应一个类。

数据访问层（DAL）：提供数据访问的接口，没有任何逻辑。在接口中对数据库操作语句进行组合装配。数据访问层一般关联Common类库中的最底层，最基础的数据库类（如链接数据库）必须关联Entity Class实体类项目。数据访问层只是数据库的管理者，并不是访问者，不直接与数据库发生关联。数据库中每个表都对应一个数据访问层的接口（访问控制）类。

Common类库：用于存放公用的类。最常用的就是数据库访问类，如链接字符串、数据库引擎类。它直接与数据库进行机械式的交换，无任何逻辑。

Entity Class实体类：相当于加强的数据结构，实现了对数据的封装。数据库中每个表都对应一个实体类，表的字段就是实体类的属性，类型一一对应。用户界面表示层、业务逻辑层、数据访问层这三层进行交互主要就是通过Entity Class实体类作为参数，并返回信息。

采用三层技术体系架构的优势有以下几个方面。

1）保证系统的安全性：中间层（业务逻辑层）隔离了客户（用户界面表示层）直接对数据库系统的访问，保护了数据库系统和数据的安全。

2）提高系统的稳定性：三层分布式体系保证了网站系统具有可靠的稳定性，满足7×24小时全天候服务；业务逻辑层缓冲了用户与数据库系统的实际连接，使数据库系统的实际连接数量远小于应用数量。在访问量和业务量加大的情况下，可以采用多台主机设备建立集群方式，共同工作，进行业务逻辑处理，实现负载均衡。

3）系统易于维护：由于业务逻辑在中间服务器上，并且采用构件化方式设计，当业务规则变化后，用户界面表示层不做任何改动就能立即适应。

4）快速响应：通过负载均衡以及业务逻辑层缓存数据的能力，可以提高服务端对客户端的响应速度。

（三）功能设计

本系统主要的输入项目为海水监测管理、海洋生物多样性及典型生态系统监测管理、海洋沉积物监测管理、海洋自然/特别保护区监测管理、陆源入海排污口及邻近海域环境监测管理、入海江河监测管理、海洋垃圾监测管理、海水浴场监测管理、滨海旅游度假区监测管理、海水增养殖区监测管理、海洋放射性污染监测管理、海水入侵和土壤盐渍化监测管理、应急监测管理、监测数据对比分析与上报信息管理等各种海洋生态监测相关信息，如图10-28所示。处理的主要内容有对数据管理（添加、修改、删除、列表显示、审核），支持图形化界面操作，数据主要以结构化和非结构化两种方式存储，结构化数据主要是以SQL Server数据库形式存储和管

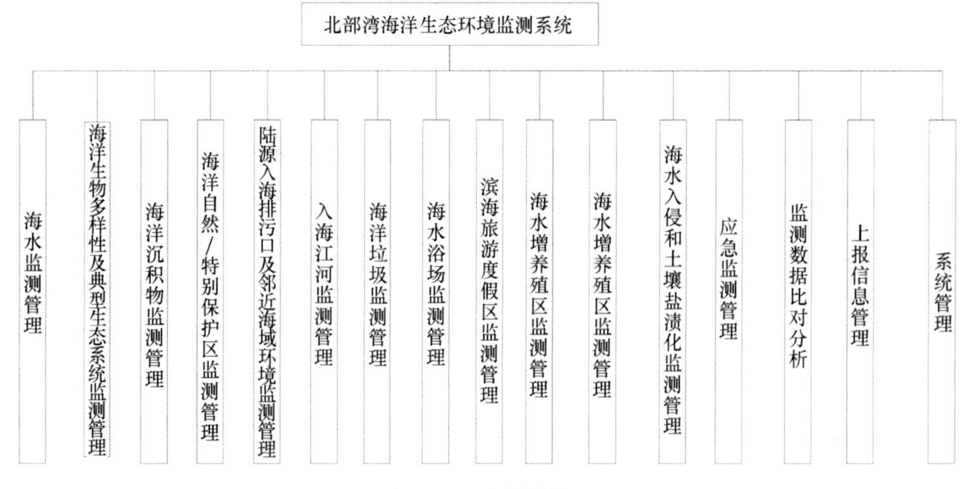

图10-28 功能模块图

理；非结构化数据主要以文件和目录形式存放，具体形式包括文本、表格等。主要的输出项目为以监测内容情况、时间段等为条件或组合条件的全部或部分统计分析报表与分析报告，主要的输出格式可以是定制报表与图表，也可以输出为Excel文件。

用户通过浏览器或特定客户端可以查询获得特定数据信息；也可通过打印机输出特定报表或文件信息；或将所需数据导出、备份。

1）具有录入功能的模块：海水监测管理模块、海洋生物多样性及典型生态系统监测管理模块、海洋沉积物监测管理模块、海洋自然/特别保护区监测管理模块、陆源入海排污口及邻近海域环境监测管理模块、入海江河监测管理模块、海洋垃圾监测管理模块、海水浴场监测管理模块、滨海旅游度假区监测管理模块、海水增养殖区监测管理模块、海水入侵和土壤盐渍化监测管理模块、应急监测管理模块和系统管理模块。

2）具有修改功能的模块：海水监测管理模块、海洋生物多样性及典型生态系统监测管理模块、海洋沉积物监测管理模块、海洋自然/特别保护区监测管理模块、陆源入海排污口及邻近海域环境监测管理模块、入海江河监测管理模块、海洋垃圾监测管理模块、海水浴场监测管理模块、滨海旅游度假区监测管理模块、海水增养殖区监测管理模块、海洋放射性污染监测管理模块、海水入侵和土壤盐渍化监测管理模块、应急监测管理模块和系统管理模块。

3）具有删除功能的模块：海水监测管理模块、海洋生物多样性及典型生态系统监测管理模块、海洋沉积物监测管理模块、海洋自然/特别保护区监测管理模块、陆源入海排污口及邻近海域环境监测管理模块、入海江河监测管理模块、海洋垃圾监测管理模块、海水浴场监测管理模块、滨海旅游度假区监测管理模块、海水增养殖区监测管理模块、海洋放射性污染监测管理模块、海水入侵和土壤盐渍化监测管理模块、应急监测管理模块和系统管理模块。

4）具有查询功能的模块：海水监测管理模块、海洋生物多样性及典型生态系统监测管理模块、海洋沉积物监测管理模块、海洋自然/特别保护区监测管理模块、陆源入海排污口及邻近海域环境监测管理模块、入海江河监测管理模块、海洋垃圾监测管理模块、海水浴场监测管理模块、滨海旅游度假区监测管理模块、海水增养殖区监测管理模块、海洋放射性污染监测管理模块、海水入侵和土壤盐渍化监测管理模块、应急监测管理模块、监测数据比对分析模块、上报信息管理模块和系统管理模块。

5）具有审核功能的模块：海水监测管理模块、海洋生物多样性及典型生态系统监测管理模块、海洋沉积物监测管理模块、海洋自然/特别保护区监测管理模块、陆源入海排污口及邻近海域环境监测管理模块、入海江河监测管理模块、海洋垃圾监测管理模块、海水浴场监测管理模块、滨海旅游度假区监测管理模块、海水增养殖区监测管理模块、海洋放射性污染监测管理模块、海水入侵和土壤盐渍化监测管理模块和应急监测管理模块。

6）具有导入功能的模块：海水监测管理模块、海洋生物多样性及典型生态系统监测管理模块、海洋沉积物监测管理模块、海洋自然/特别保护区监测管理模块、陆源入海排污口及邻近海域环境监测管理模块、入海江河监测管理模块、海洋垃圾监测管理模块、海水浴场监测管理模块、滨海旅游度假区监测管理模块、海水增养殖区监测管理模块、海洋放射性污染监测管理模块、海水入侵和土壤盐渍化监测管理模块和应急监测管理模块。

7）具有汇总统计功能的模块：监测数据比对分析模块和上报信息管理模块。

8）具有分析生成报告功能的模块：监测数据比对分析模块和上报信息管理模块。

9）具有角色内容管理功能的模块：系统管理模块。

10）具有用户角色管理功能的模块：系统管理模块。

系统整体功能界面如图10-29所示。

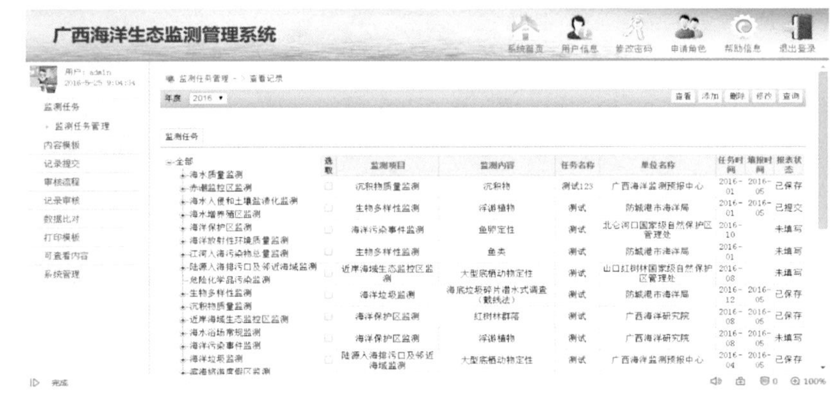

图10-29　广西海洋生态监测系统

（四）关键技术实现

1. 基于Web Service技术

由于系统使用会存在不同地理位置用户协同工作和数据通信的问题，因此通过Web Service客户端和服务器能够自由地使用HTTP进行通信，也可以让地理上分布在不同区域的计算机和设备一起工作，以便为用户提供各种各样的服务，而且用户可以控制要获取信息的内容、时间和方式。

Web Service是创建可互操作的分布式应用程序的新平台，Web Service是完全基于XML、XSD等独立于平台、独立于软件供应商的标准的。

Web Service在应用程序进行跨平台和跨网络通信时是非常有用的。Web Service非常适用于应用程序集成、B2B和G2G集成、代码和数据重用以及通过Web进行客户端和服务器通信。

2. 组件化的设计方法

采用组件化的设计方法，可实现系统的开放性、可扩展性和可维护性。

标准、开发是一个应用系统得以发展和壮大的基础，通过标准开放的模式，可以保证用户更多地采用先进的技术搭建个性化的应用。

本系统设计在多方面为应用集成提供了保证，如支持系统三层体系结构、提供模块组件、支持二次开发、开放底层数据存储格式等。

3. 统一身份/用户管理

用户是信息系统中各类活动的实体，如人、组织、虚拟团体等。用户管理是指在IT系统中对用户和其权限进行控制，包括身份管理、用户授权、用户认证等，身份管理是基础，用户授权和认证是基础之上的服务。身份是一个实体区别于其他实体的特性，IT系统中的身份通常是一个人在信息系统中的抽象，也可以是硬件、组织等实体的抽象，是一个特定的实体的属性集合。

统一用户管理（UUM）就是对不同的应用系统进行统一的用户认证，通过统一的用户认证平台提供一个单一的用户登录入口。同时统一用户管理平台提供长时间无应用操作的超时重认证功能，更加可靠地保证安全。

第四节　广西涉海规划“多规融合”平台建设

近年来，国家及相关部委围绕“多规融合”这一战略要求密集出台了一系列文件。2013年习近平总书记在中央城镇化工作会议上首次提出推进市县“多规融合”工作，自此“多规融合”工作成为中央全面深化改革工作中的一项重要任务。2014年底，国家发改委、国土资源部、环境保护部和住建部联合下发《关于开展市县“多规合一”试点工作的通知》，提出“开展市县空间规划改革试点，推动经济社会发展规划、城乡规划、土地利用规划、生态环境保护规划‘多规合一’”。2015年4 月，国务院颁布《中共中央国务院关于加快推进生态文明建设的意见》，指出“推进市县落实主体功能定位，推动经济社会发展、城乡、土地利用、生态环境保护等规划‘多规合一’”。2015年9月，中共中央、国务院印发《生态文明体制改革总体方案》，要求建立空间规划体系，推进市县“多规融合”，创新市县空间规划编制方法，逐步形成一个市县一个规划、一张蓝图，市县空间规划要统一土地分类标准，根据主体功能定位和省级空间规划要求，划定生产空间、生活空间、生态空间。2016年《中华人民共和国国民经济和社会发展第十三个五年规划纲要》（简称《“十三五”规划》）发布，提出建立国家空间规划体系，以主体功能区规划为基础统筹各类空间性规划，推进“多规融合”。2017年1月，中共中央办公厅、国务院办公厅联合印发《省级空间规划试点方案》，正式开启了“多规融合”改革的序幕。2017年12月，国家海洋局印发《关于开展编制省级海岸带综合保护与利用总体规划试点工作的指导意见》，要求统筹协调海岸带空间布局，构建陆海统筹的生态安全格局，推动形成人与自然和谐发展的新时代海岸带空间治理格局。

海岸线及海岸带是广西北部湾经济区的核心竞争优势，是广西“构建面向东盟的国际大通道，打造西南中南地区开放发展新格局的战略支点，形成21世纪海上丝绸之路和丝绸之路经济带有机衔接的重要门户”的重要战略资源。为贯彻落实中共中央、国务院《关于完善主体功能区战略和制度的若干意见》及《广西壮族自治区人民政府关于深化用海管理体制机制改革的意见》有关精神，开展海域空间利用科学规划，引领产业聚集，加强陆海资源、产业、空间的互动，促进海洋产业结构优化，形成具有广西特色的现代海洋经济体系。积极推进海洋空间规划“多规衔接”是实现绿色发展的重要抓手，必须按照陆海统筹、一体发展的原则，整合各涉海规划，理清规划层级之间、规划主体之间、海域空间规划与其他涉海规划之间的关系，形成既有空间顶层设计，又有具体统一海域用途的空间规划体系，形成“一本规划、一张蓝图、一个平台”，建立健全相互协调、充分衔接的规划编制和项目布局，使陆域规划与海域空间规划无缝衔接，实现陆海统筹发展。

目前，广西壮族自治区北部湾办公室牵头制定我区沿海岸线和涉海规划协调会商制度，积极优化海域空间规划，按照陆海统筹、一体发展的原则，推进涉海规划“多规融合”，并赋予广西壮族自治区海洋研究院“确定和把关基本图根，将所有涉海规划数据汇集上图，并对所有新增用海项目和新编制规划数据与原有的涉海规划数据集进行符合性分析，以消除用海矛盾，为全区各部门用海出具蓝图符合性意见”的职能。为做好这一新的重点工作，需要建立完善基于GIS的海岸带空间规划技术体系，构建智慧海洋数据库，科学分析海岸带自然资源禀赋和承载能力、产业基础和发展潜力，同时为广西海岸带综合保护与利用画好生态优先、节约利用、绿色发展的路线图。

（一）技术路线及总体架构

充分利用现代地理信息技术、数据库技术和网络技术，按照“建标准、合数据、做接口、搭平台、保运维”的总体工作思路，在地理信息系统建设的基础上，收集广西涉海规划数据，制定统一的数据标准，实现各类规划不同坐标系和不同数据格式的转换；进行各类规划的图斑比对，梳理各类规划之间的矛盾和问题；对各类规划成果进行数字化规整入库，搭建广西涉海规划综合数据库；建设广西涉海规划“多规融合”管理平台，提供涉海规划“一张图”、规划符合性检测等服务；对综合数据库和管理平台进行维护升级。

涉海规划“多规融合”平台总体技术路线如图10-30所示，从项目技术流程可以看出，系统建设内容包含规划资料汇总与整理、规划信息数据库构建、规划符合性分析、用海项目符合性分析等。

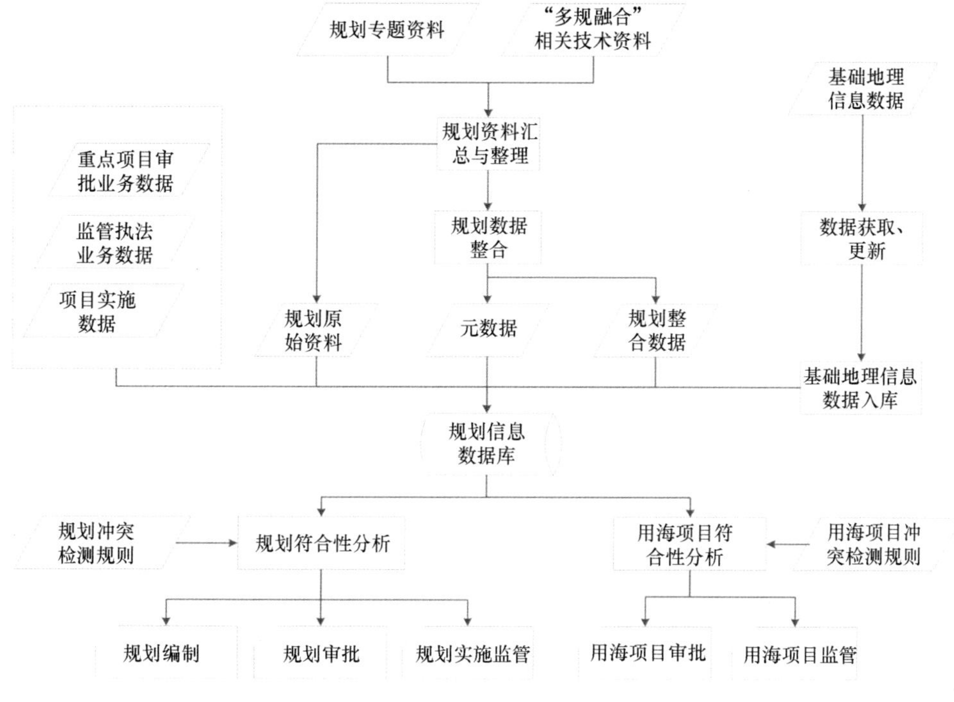

图10-30　总体技术路线图

针对收集的各类数据格式不统一的问题，委托具有相关资质的单位，将所有数据转换为统一的文件格式、坐标系和投影方式，从而高效、准确地实现各类规划数据的整合处理，为数据的高效利用和规划时空信息数据库的建设提供数据基础，如图10-31所示。

在规划整合成果的基础上，开展多类规划之间的冲突检测，形成规划冲突检测成果数据集，并反馈冲突数据至协商工作组，由工作组协商处理。

信息化时代，规划纸质图件与电子数据是规划图件的不同表达方式，但具有同等效力，统一规划蓝图应包括统一的规划数据库建设。“多规融合”的规划数据库建设，应当着眼建设纵向在线共享、横向互联互通的统一海洋空间规划数据库，研发广西海洋空间规划“多规融合”综合管理平台。

“多规融合”要求规划基础统一，2018年即要落实《广西沿海岸线和涉海规划协调会商制度暂行办法（初稿）》的各项任务，业务化开展“多规衔接，图根比对”工作，集成图10-32中整个工作流程，设计研发集成应用平台，具备基本的空间数据叠加分析、影响空间范围分析、规划间融合度分析、蓝图符合性分析数据提供、报告生成等各类功能。

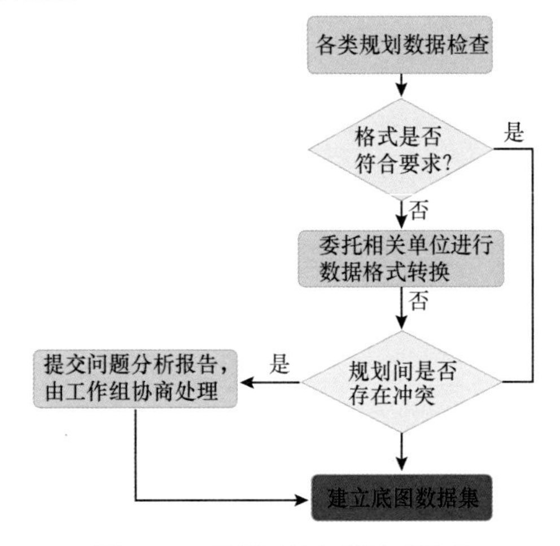

图10-31　数据转换与预处理流程

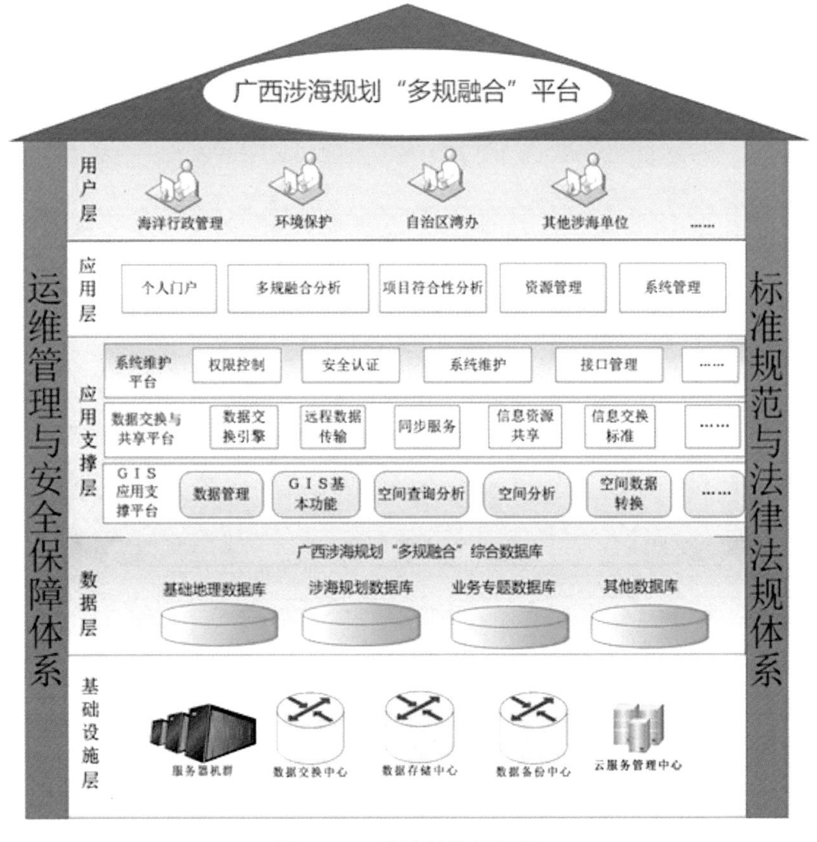

图10-32　系统总体框架图

五横（横向5个层次）：包括基础设施层、数据层、应用支撑层、应用层和用户层。

（1）基础设施层

包含服务器机群、数据交换中心、数据存储中心、数据备份中心、云服务管理中心，为上层提供计算、网络及存储服务。

（2）数据层

参考相关行业标准及管理条例，建立广西涉海规划“多规融合”综合数据库，包括发展规划、土地利用规划、港口规划、海洋功能区划、海域管理业务数据等。

（3）应用支撑层

由GIS应用支撑平台、数据交换与共享平台及系统维护平台三部分组成。其中，GIS应用支撑平台主要是提供基础数据管理、GIS基本功能、空间分析等服务；数据交换与共享平台主要是提供数据交互共享等服务；系统维护平台主要是提供权限控制、安全认证等服务。

（4）应用层

依托数据层及应用支撑层，以用户为中心，以用海审批业务为主线，提供信息门户，实现多规融合分析、项目符合性分析、资源管理等。

（5）用户层

主要包括广西壮族自治区海洋局（原自治区海洋和渔业厅）、广西北部湾经济区规划建设管理办公室及其他涉海单位，为各类用户提供海洋信息咨询、应急救援等各种海洋信息服务。

二纵（纵向2个体系）：包括运维管理与安全保障体系、标准规范与法律法规体系。

（1）运维管理与安全保障体系

采用故障管理、配置管理、存储管理、资源管理等技术，对平台各类应用进行运维管理。

（2）标准规范与法律法规体系

充分应用现有相关的标准规范与法律法规，确保平台高效运行和各协作单位有效协同。

（二）涉海规划“多规融合”综合数据库构建

将汇集的各类数据按照标准进行统一的格式转化，集成至同一数据平台之上，形成基本的涉海规划数据底图。必要时，需进行野外的核查测量。根据涉海规划的不同类型，按照分类、分区相关标准，建立规划矢量数据集，并建立矢量数据集与属性数据集的关联，形成完整的涉海规划“多规融合”综合数据库。

涉海规划“多规融合”综合数据库构建分为准备阶段、数据处理与入库阶段、数据库管理系统开发阶段和运行测试阶段，总体技术流程如图10-33所示。

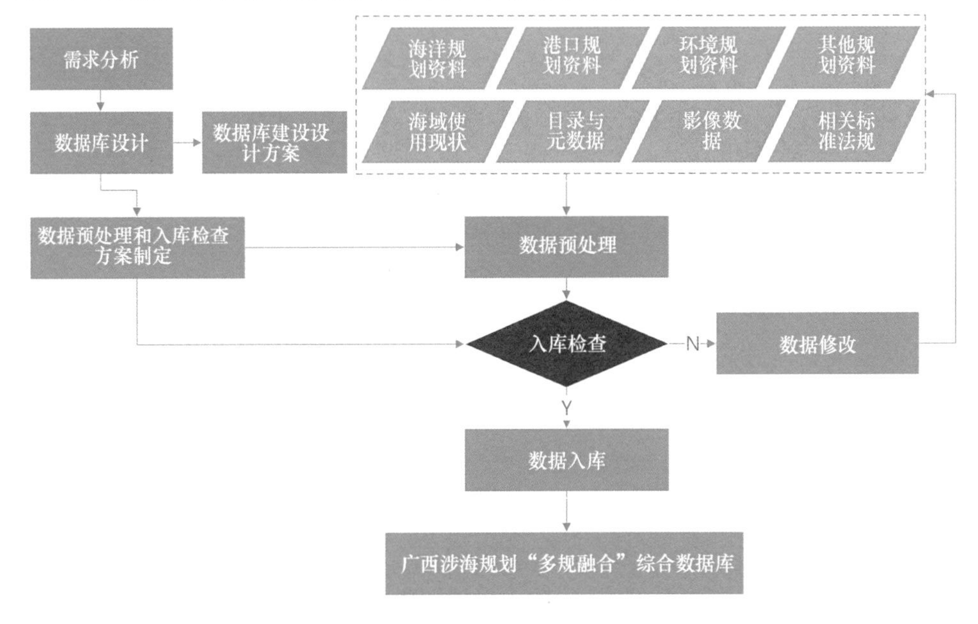

图10-33　数据整理入库流程

准备阶段主要根据需求分析完成数据库设计、待入库数据准备等工作，为数据库构建奠定基础；数据处理与入库阶段主要是根据翔实的数据库设计方案，开发数据预处理和入库检查工具，对规划原始资料数据及规划成果数据进行预处理、入库前检查和入库等工作；数据库管理系统开发阶段主要包括系统设计、系统开发和数据库集成工作；运行测试阶段主要针对集成的数据库进行测试，检验数据库管理的实际成效。

1）准备

完成涉海规划“多规融合”综合数据库方案设计，明确数据库的数据内容，开展数据库逻辑设计、物理设计、运行环境设计和系统安全设计等；同时，对待入库数据进行梳理，为下一步数据处理建库做好准备。

2）数据处理与入库

基于数据库设计和数据情况开发数据预处理与入库检查工具，对规划原始资料、规划整合数据、总体规划成果数据、重点项目审批业务数据、项目实施数据、监管执法业务数据、项目业务数据和相关元数据进行预处理及入库前检查后，进行数据入库工作。

3）数据库管理系统开发

分析涉海规划“多规融合”综合数据库的特点及应用需求，确定数据库管理系统的功能，包括数据预处理、数据质量控制、数据管理维护、规划修编、数据应用、规划冲突检测、数据制图管理、系统配置维护等功能。

4）运行测试

搭建数据库运行环境，在数据库系统运行环境下将建成的数据库、数据库管理系统和软硬件环境等进行安装部署与集成。运行涉海规划“多规融合”综合数据库管理系统，对系统功能进行测试和完善，最终形成面向用户的可运行数据库系统，并制定系统与数据库的维护机制。

（三）功能实现及关键技术

“多规融合”要求规划基础统一，2018年即要落实《广西沿海岸线和涉海规划协调会商制度暂行办法（初稿）》的各项任务，业务化开展“多规衔接、图根比对”工作，设计研发集成应用平台，具备基本的空间数据叠加分析、影响空间范围分析、规划间融合度分析、蓝图符合性分析数据提供、报告生成等各类功能。

在确保数据安全的基础上，依据《广西沿海岸线和涉海规划协调会商制度暂行办法》的总体要求，探索“多规融合”新思路，以信息化集成管理为载体，构建广西涉海规划“多规融合”平台，实现集中式、多元化的一体展示，并提供系统扩展与成果数据共享服务功能。广西涉海规划“多规融合”平台建设旨在构建“一个目标、一套标准、一张图、一个平台、一套机制”，解决多个规划空间冲突的矛盾，防止资源环境的浪费与破坏；实现建设项目信息、规划信息、涉海空间资源管理信息的资源共享共用，为广西新涉海规划的编制与用海项目的审批提供全方位的符合性分析与深层次的决策支撑服务。

平台建设的目标主要是利用当前先进、稳定的信息技术与方法，以数据的安全管理、叠加分析、符合性判断、多维展示、共享服务为核心，建立广西涉海规划“多规融合”平台，提升涉海空间综合管理的科学化水平和决策支撑能力。

广西涉海规划“多规融合”平台主要实现资源管理、信息查询与统计、综合展示、图层控制、空间数据叠加分析、缓冲区分析、符合性分析及报告生成、数据共享、数据更新、权限管理等业务功能，并具有功能完善与稳定的后台运维模块，以及提供完整数据共享服务的接口，如图10-34所示。

1. 资源管理

主要是以空间信息为媒介，提供一种面向服务的空间信息展示窗口，以可视化的视角为用户提供智能搜索和快速定位功能，同时可以完成资源浏览、综合展示、资源统计等业务操作，并将多个空间规划资源以“一张图”模式进行综合展示，来满足用户全方位查看信息的需求。

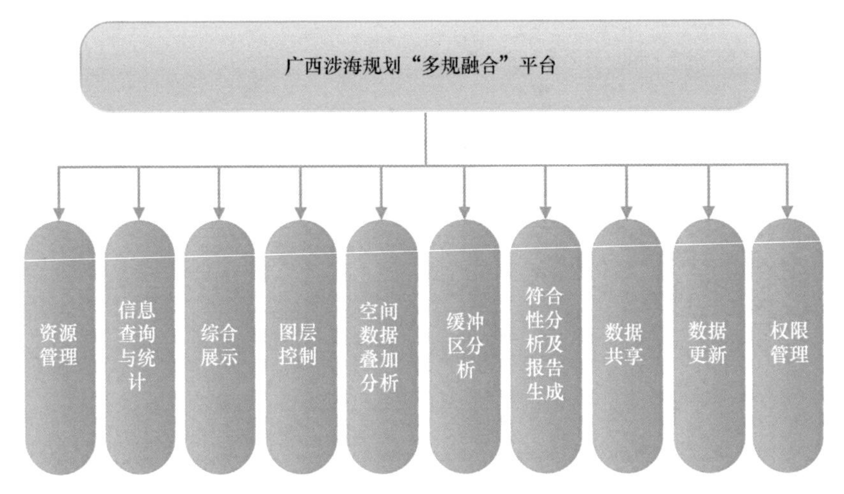

图10-34　系统功能设计

2. 信息查询与统计

用户可通过该功能模块对权限范围内的资源进行检索、浏览和统计，属性类和文档类资源提供属性与位置的查询，并可以根据授权提供结果输出或下载使用，空间类数据提供在线专题展示。

3. 综合展示

针对广西涉海规划数据资源，可进行“一张图”、矢量与影像无缝切换等多模式的展示，同时提供地图的放大、缩小、平移等操作。

4. 图层控制

主要是展示各个图层以及图层相对应的图例在地图上的效果，可进行图层的叠加，实现图层的控制，并提供查看图层详细信息的功能。

支持用户对矢量数据图层进行管理，包括信息浏览、显示设置、预定义查询、标注设置、显示范围、渲染设置等。

信息浏览：支持对图层的几何类型、坐标参考、图层别名等信息进行查看。

显示设置：支持对图层的可见/隐藏、排序、透明度等显示参数进行设置。

预定义查询：支持通过设置图层的查询条件，显示符合条件的内容。

标注设置：支持对图层标注的字体、大小、颜色及方式等进行设置。

渲染设置：支持对图层符号的类型、大小及颜色等进行设置。

5. 空间数据叠加分析

针对选定的多个图层，用户可以通过拉框、导入边界范围、选定行政区等多种方式，实现对指定区域范围内的多图层数据进行叠加分析和统计。

空间统计分析：对区域规划信息发展变化进行统计分析，包括密度变化分析、面积变化分析等。

叠加分析：支持空间关系和属性关系的叠加、分析与比较。

冲突检测：根据导入的建设项目信息与历史版本的海南省总体规划数据进行冲突检测，生成冲突图斑。

现状对比查看：叠加显示规划数据、海域使用现状数据图层，进行规划适宜性判定。

6. 缓冲区分析

用户可以通过设置缓冲区中心和半径，实现对某些特定项目的影像空间范围分析；提供基于点、线、面的缓冲计算和分析；查询指定范围内的规划要素信息。

7. 符合性分析及报告生成

在新的规划编制或新增用海项目审批过程中，用户可以导入新编制的规划或用海项目shp文件，通过系统的符合性分析功能，自动分析是否与底图数据中的现有规划存在不符之处，并自动生成符合性分析报告。

8. 数据共享

主要是采用服务或接口模式，将数据共享给第三方系统或平台浏览应用。服务或接口遵循开放地理空间信息联盟（open geospatial consortium，OGC）组织的相关服务规范，并通过扩展，满足国内相关行业标准，遵循的国际及国内相关服务技术规范包括WMS、WMTS等，属性数据交换格式采用XML或是JSON格式。

9. 数据更新

提供数据更新界面，实现对底图数据的添加、修改、删除等功能，方便用户对数据的更新及维护。

10. 权限管理

提供可视化的管理工具，从安全管理、建库配置、数据源配置、运行监控、日志管理、备份和恢复、元数据管理、符号库管理等方面全方位保障平台的正常运行。平台的整体功能界面如图10-35～图10-42 所示。

图10-35 登录界面

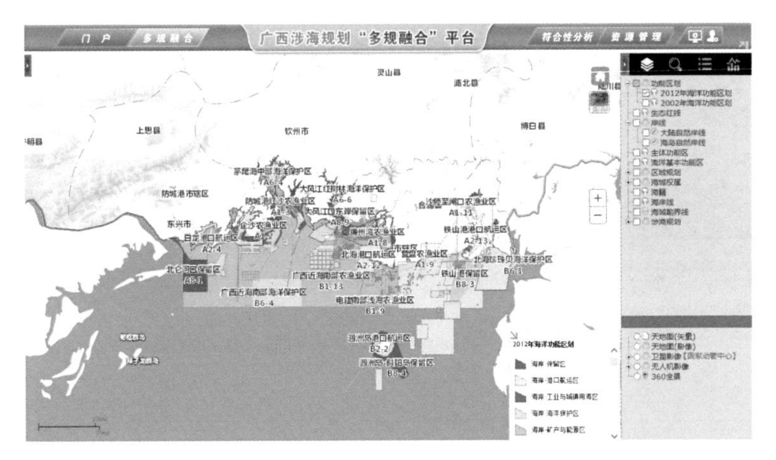

图10-36 海洋功能区划界面

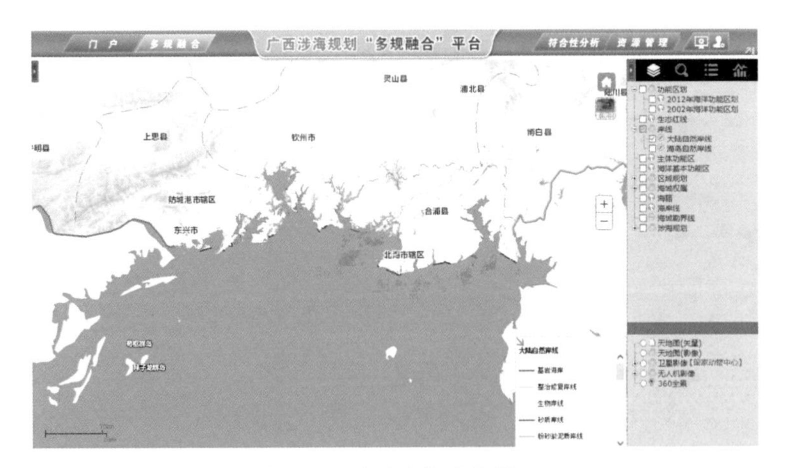

图10-37 大陆自然岸线界面

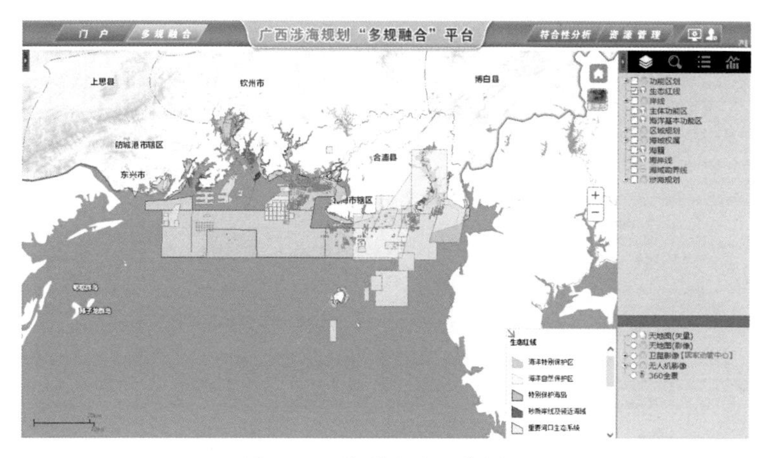

图10-38　海洋生态红线界面

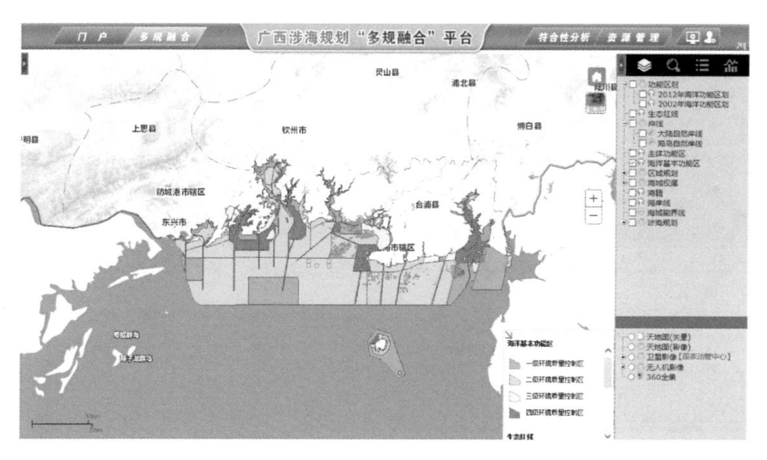

图10-39　海洋环境保护规划界面

图10-40　主体功能区划界面

图10-41　符合性分析界面

图10-42　资源管理界面

（1）安全管理

支持基于用户、角色和权限实现新增、删除、查询及修改功能，用户信息支持密码管理；支持功能角色和数据角色，对系统操作功能权限和数据访问权限进行严格控制；实现用户的角色分配及角色的权限分配功能；同时系统操作日志记录相关操作。

（2）建库配置

支持对与建库相关的数据库、数据字典等进行配置。

〉数据库配置

配置文件包括数据库连接方式、数据库访问地址、数据库访问用户和密码的管理等信息。

〉数据字典配置

支持用户对数据字典进行修改配置，包括各类规划数据分类标准信息、规划数据对照表等 。

（3）数据源配置

支持空间数据库、本地数据源、文件服务器数据源的配置及加载，包括空间数据、地图服务、瓦片数据等形式。

（4）运行监控

实现对系统运行情况的实时监控，包括用户在线状态、系统备份情况等。同时统计用户基本信息，包括登录时间、登录地址、用户、系统操作等信息，以及统计系统备份的信息，包括系统的备份时间、备份用户、完成和成功情况等。

（5）日志管理

实现系统操作日志管理和数据库操作日志管理。日志记录用户登录、用户在线状态、用户名、IP地址、计算机名、登录时间、读写操作记录等信息，日志管理通过列表方式展示这些信息，并可实现查询及导出功能。

（6）备份和恢复

〉备份功能

系统备份支持完全备份和差异备份两种方式，用户可根据备份数据的内容和磁盘空间的情况采取合适的数据备份方式，并提供手动和自动两种备份方式。

〉恢复功能

恢复功能只提供手动恢复方式，根据用户选择的备份数据执行数据恢复。

（7）元数据管理

实现元数据的入库、查询及输出等功能。

（8）符号库管理

支持对制图符号库进行管理，包括符号库的添加、修改、删除、保存等操作。

第五节　基于大数据框架的海洋防灾减灾平台建设

我国海岸线全长1.8万多千米，居世界第四位。我国主张的管辖海域面积可达300万平方千米，接近陆地领土面积的1/3。2015年全国海洋生产总值64 669亿元，占国内生产总值的9.6%，全国涉海就业人员3589万人。我国海洋灾害以风暴潮、海浪、海冰、赤潮和绿潮等为主，海平面变化、海岸侵蚀、海水入侵及土壤盐渍化、咸潮入侵等灾害也有不同程度发生。此外，我国还存在发生海啸巨灾的潜在风险。海洋灾害对我国沿海经济社会发展和海洋生态环境造成了诸多不利影响[9]。其中，造成直接经济损失最高的是风暴潮灾害，占总直接经济损失的99.8%；造成死亡（含失踪）人数最多的是海浪灾害，占总死亡（含失踪）人数的77%。

根据国家海洋局海洋灾害公报：2012年，我国共发生138次风暴潮、海浪和赤潮过程，各类海洋灾害（含海冰、绿潮等）共造成直接经济损失155.25亿元，死亡（含失踪）68人；2013年，各类海洋灾害共造成直接经济损失163.48亿元，死亡（含失踪）121人；2014年，各类海洋灾害共造成直接经济损失136.14亿元，死亡（含失踪）24人；2015年，我国海洋灾情总体偏轻，各类海洋灾害共造成直接经济损失72.74亿元，死亡（含失踪）30人。

近年来，北部湾海域海洋灾害频频发生，主要表现有：①据广西壮族自治区海洋环境监测中心站观察统计，1995～2015年，北部湾海域发生了18次赤潮灾害。同时自2011年以来，开始出现有害藻华种类，偶尔出现有毒藻华，这是北部湾海域的健康状态发出了警示信号；②北部湾近海目前存在水污染、大气污染、固体废弃物污染等问题。水污染方面，污染物主要为无机氮、活性磷酸盐及化学需氧量，超标区域主要分布在沿海入海河流河口区域及主要城市排污海域。大气污染方面，主要是火电厂等项目所排放的硫化物极有可能造成环境危害。固体废弃物污染方面，北部湾许多大型项目如钦州中石油千万吨炼油项目、金桂林浆纸一体化项目等，会产生工业固体废弃物，处置不当将产生环境污染危害。③风暴潮灾害频发。2015年的第22号台风“彩虹”是1949年以来进入广西内陆的最强台风，造成经济损失超9亿元，广西受灾人数超过196万人；2016年的第4号台风“妮妲”致广西22万多人受灾，造成直接经济损失1.37亿[10]。

因此，制定好海洋防灾减灾计划，做好防灾减灾工作，保证人民群众的安全，减少国家和民众的损失，是海洋主管部门一项十分重要的任务。其中，建立一套海洋防灾减灾立体监测网络体系，收集历年的海洋相关数据，并在此基础上，搭建一套基于大数据框架的海洋防灾减灾平台，是一种非常重要的技术手段，它可以为海洋的防灾减灾工作提供有力、可靠的技术保障。

（一）总体架构及海洋防灾减灾综合数据库设计

基于大数据框架的海洋防灾减灾平台，主要包括基础数据管理及查询、台风路径及风险等级预测、风暴潮漫滩漫堤预警及三维仿真、海洋灾害损失评估及预测、海洋防灾减灾公共信息服务功能。其中，基础数据管理及查询模块包括对基础地理数据（影像、矢量数据、属性数据）、水文数据、气象数据、社会经济数据、历史灾害数据及其他相关监测数据进行管理及查询。台风路径及风险等级预测、风暴潮漫滩漫堤预警及三维仿真、海洋灾害损失评估及预测模块，均是基于收集的基础大数据、监测大数据、历史灾害大数据，建立相应的数学预测模型，进行大数据分析及灾害预警，为海洋防灾减灾提供准确、可靠的信息技术手段。

基于大数据框架的海洋防灾减灾平台主要划分为6层：海洋基础大数据层、通信传输层、海洋防灾减灾大数据基础平台层、大数据处理平台层、海洋防灾减灾大数据应用服务层、海洋防灾减灾行业应用层，具体内容如图10-43和图10-44所示。

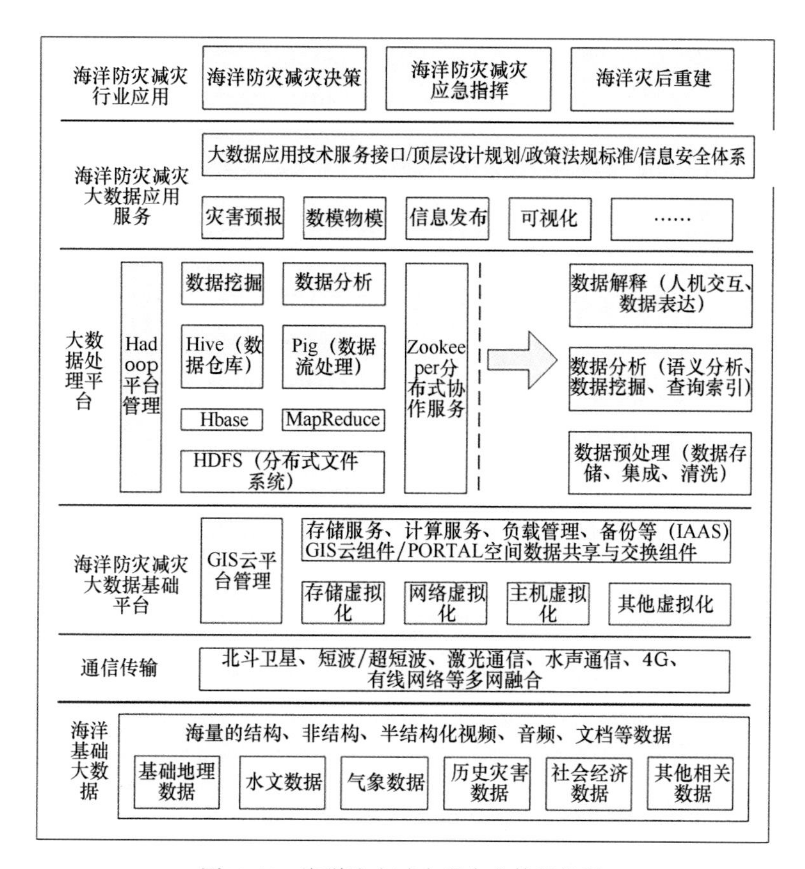

图10-43 海洋防灾减灾平台总体架构图

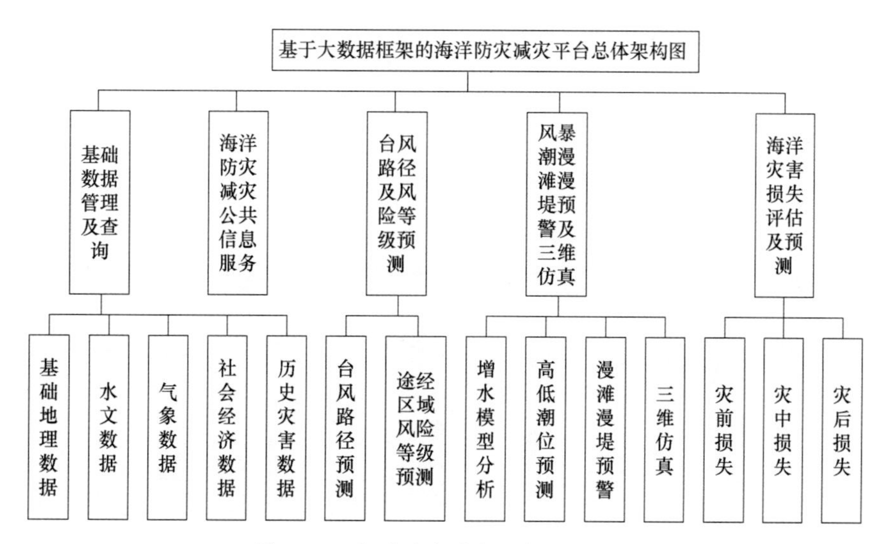

图10-44 海洋防灾减灾平台主要功能

基础地理信息数据：包含特定比例的水下地形数据、数字线划（DLG）、正射影像（DOM）、栅格地图（DRG）、数字高程模型（DEM）、遥感图、电子地图、电子海图等数据。

风暴潮专题数据：实时及历史台风数据、台风预报数据、警戒潮位数据、沿海风情数据、潮位预报数据、实测潮位数据、流场预报数据、海浪预报数据、风场预报数据、漫堤漫滩预警预报数据等。

历史海洋灾害数据：包括历年的水文、气象、风暴潮、赤潮等数据，以及历年的突发事故、受灾情况、损失程度、扩散范围等数据。

海堤信息数据：海堤相关信息，包括海堤一般信息表、海堤基本情况表、海堤基本效益指标表、海堤工程特征表、海堤水文特征表、海堤波浪特征表等。

社会经济数据：主要包括人口数、户数、渔港个数、社区个数、辖地面积、工业总产值、农业总产值、财政收入、财政支出等。

海洋防灾减灾模型：风暴潮数值预报模型、风暴潮三维仿真模型、海洋环境（气象、水文）仿真模型等。

（二）大数据分析在风暴潮漫滩漫堤预警中的应用

1. 北部湾海堤现状

北部湾岸段有3市1县（北海市、钦州市、防城港市、合浦县），总面积11 385平方千米；其中有33个濒海乡镇，面积3057平方千米，占该区总面积的26.9%。此区域防潮海堤绝大部分设计标准低，堤身低矮单薄，工程质量较差，部分堤岸还存在蚁患和人为破坏的情况，而邻近乡镇经济状况较好，是广西和大西南的“门户”与“窗口”，经济发展较快，这与海堤防潮能力形成较大的反差。

要做好海堤保护及风暴潮漫滩漫堤防灾减灾工作，一方面，结合沿海防护林、红树林的生态防护功能，集中力量加快推进全区重点堤段的加固达标工程建设；另一方面，我们在北部湾风暴潮预警研究中，除了开展风暴潮漫堤预警研究外，应突出加强利用大数据分析对风暴潮自然漫滩和风暴潮溃堤后漫滩进行研究。

基于大数据分析的风暴潮漫堤漫滩预警预报，是集合台风气压场/风场建模、台风增水建模、天文潮与增水耦合建模、计算机和地理信息系统（GIS）相关技术，在风暴潮灾害预报和减灾方面的业务化应用。

2. 建立基于大数据分析的风暴潮专题数值模型

对于大数据预测而言，预测模型非常重要，直接影响预测结果的准确率。基于大数据分析的数学建模，是使用数据挖掘算法生成预测模型，同时解释预测模型和业务目标的特点，即理解它们之间的业务相关性。数据挖掘预测是通过对样本大数据（历史数据）的输入值与输出值之间的关联性进行学习，得到一个预测模型，再利用大数据集合对生成的预测模型进行误差验证，修正并优化预测模型，以得到更精准的预测模型，然后将海洋实时监测数据作为输入值，用该模型进行推演，进行输出值预测，如图10-45所示。

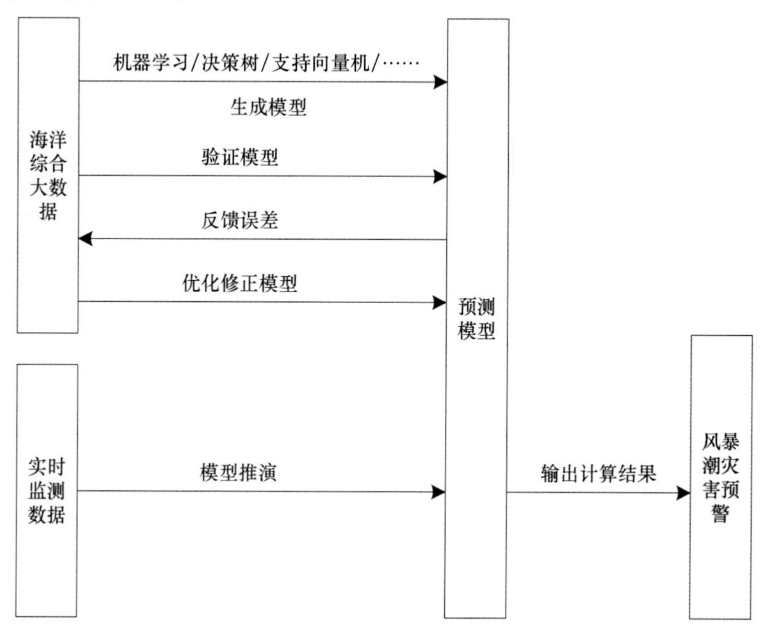

图10-45　海洋防灾减灾平台主要功能

风暴潮数值预测模型以浅海水深地形数据、海岸带高密度数字高程数据、遥感影像资料等数据为基础，通过风暴潮漫滩数值模式的开发，将精细化温带天气系统风场、精细化台风风场、精细化海浪数值模式与精细化风暴潮数值模式进行耦合，并同化广西沿岸海洋站潮位和海浪历史专题数据，形成精细化风暴潮-近岸海浪耦合漫滩数值预报模型，实现风暴潮漫滩预警结果动态显示，并可向公众发布风暴潮漫滩预警预报辅助信息。

3. 基于大数据分析的北部湾年高低潮位预测分析

高、低潮位在海洋工程设计中是一个非常重要的水文数据，它不仅直接影响港口陆域与建筑物的高程、船舶行水深度的确定，还影响建筑物类型的选择以及结构计算等。我们可以利用历年的水文、气象、潮汐等大数据建立高低潮位预测模型，对北部湾海域年最高最低潮位进行预测分析。

4. 风暴潮漫滩漫堤三维仿真

根据堤坝设计的三视图，利用AutoCAD或者ImaGIS进行堤坝三维模型的创建，然后入库，其制作流程如图10-46所示。

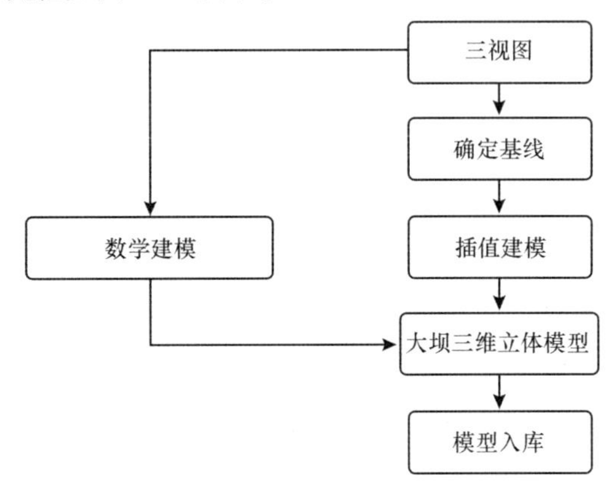

图10-46　堤坝三维建模流程

三维视景创建需要同一地理范围的DEM（digital elevation model, DEM）数据、正射影像数据、三维建筑物模型数据，通过LOD（levels of detail，LOD）技术快速创建起来用于三维漫游的逼真的海岸三维场景，三维场景可以通过Internet/Intranet下载到客户端，由客户端的三维浏览控件，实现三维显示、查询、漫游、模拟等功能，如图10-47所示。

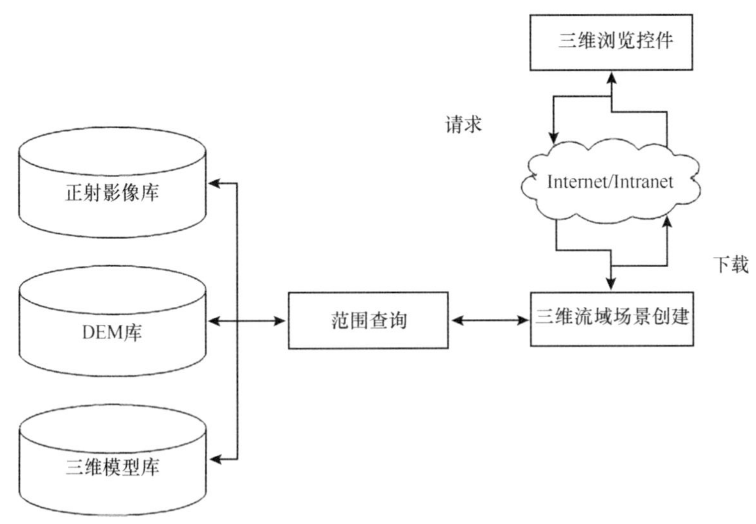

图10-47　三维视景应用与发布

在三维GIS平台上，接入各海滩拍摄的三维全景照片，同时对工程的属性和当前海洋实时监测信息进行叠加展示，为防灾减灾方案比选提供直观的表现方式和严谨的数据支持。

结合风暴潮漫滩模型预报结果，实现不同等级的风暴潮、海浪、风的三维仿真展示，在系统中动态模拟三维海滩的漫滩过程和受灾程度，并可看到风、浪的动态模拟效果，同时动画展示同时段内天文潮潮位、风暴潮增水、实测潮位的曲线图，直观地展示出海滩出险的时段、风险等级、天文潮高、风暴增水、实测增水数值等信息。

（三）大数据分析在海洋灾害损失评估及预测中的应用

海洋灾害损失评估就是指在收集丰富的历史与现实灾害数据资料前提下，运用大数据分析方法及相关数学模型，对灾前、灾中及灾后可能或已经造成的人员伤亡、财产或利益损失进行定量评估，以准确把握灾害损失程度的一种灾害统计分析、评价方法。

建立、选用可靠的风暴潮和海浪模式，建立超高分辨率风暴潮漫滩数值计算和风险评估的关键技术，进行GIS、遥感与风暴潮风险评估模型集成创新。完整编制广西高分辨率、大比例尺风暴潮灾害风险图，辅助领导指挥决策。整体系统架构如图10-48所示，系统界面如图10-49～图10-55所示。

通过建立一套完整的“天空地海”海洋立体监测网络体系，收集海洋实时观测数据、历史观测数据、基础地理信息数据、社会经济数据、遥感影像数据、历史海洋灾害数据等，利用配套的海洋防灾减灾平台，对海洋灾害进行综合分析，提供海洋灾害预警分析及风险评估图供专家会商，并对防灾减灾方案进行对比评估，最后得出结论供领导指挥决策，大大提高海洋灾害的应急响应速度，以避免或减轻海洋灾害带来的损失。

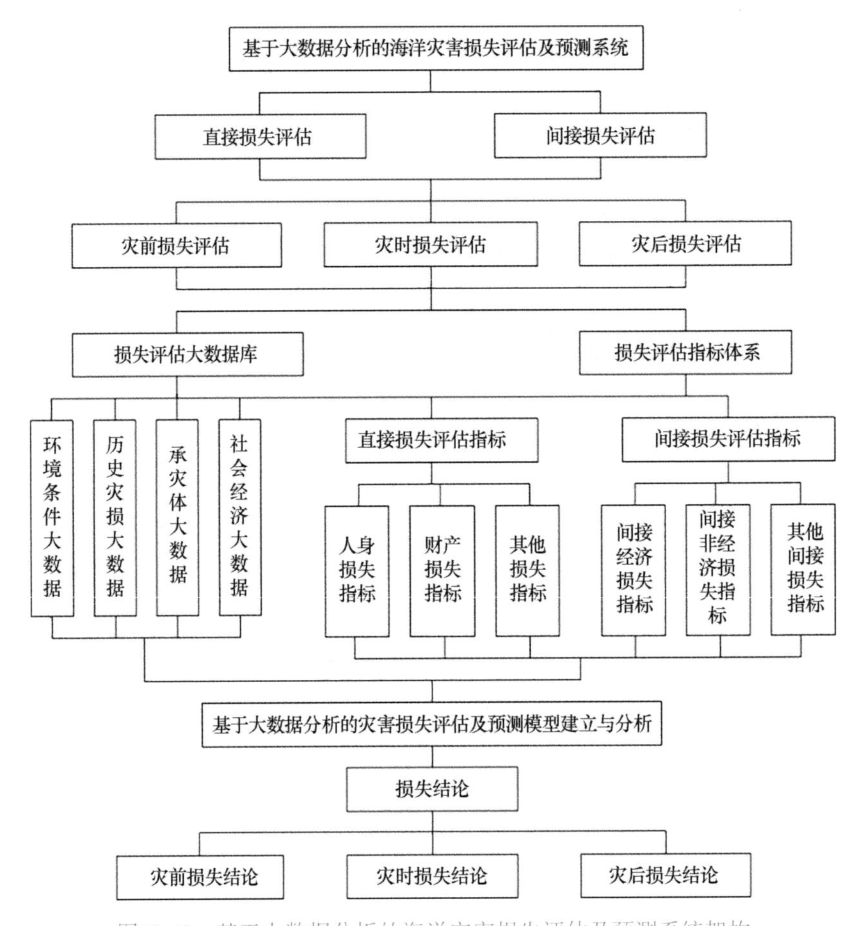

图10-48　基于大数据分析的海洋灾害损失评估及预测系统架构

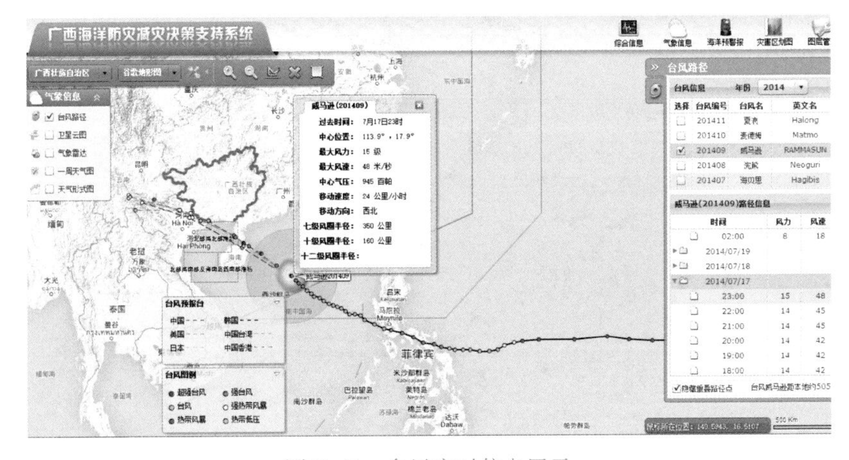

图10-49　台风实时信息展示

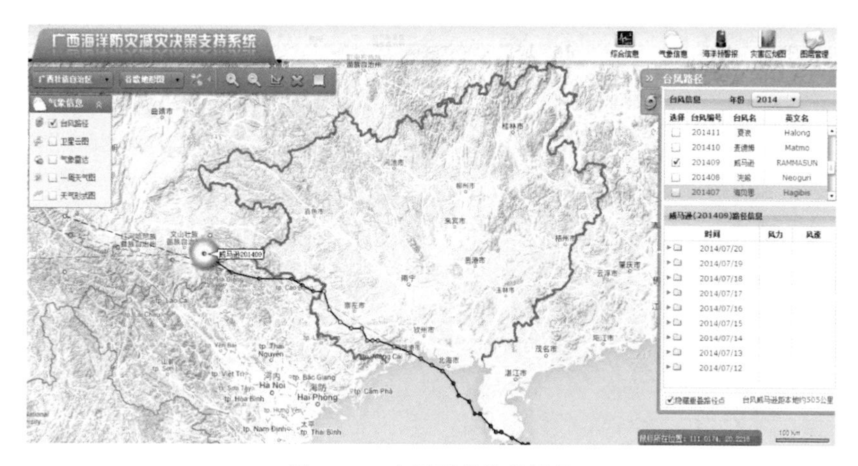

图10-50　台风预报路径展示

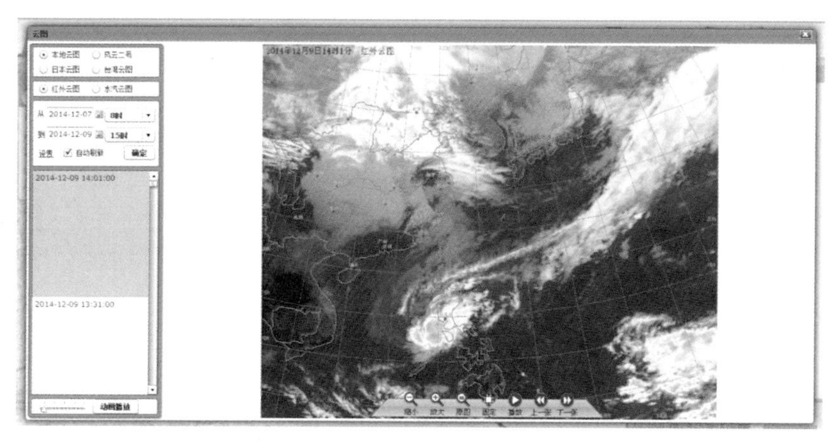

图10-51　台风路径与卫星云图叠加

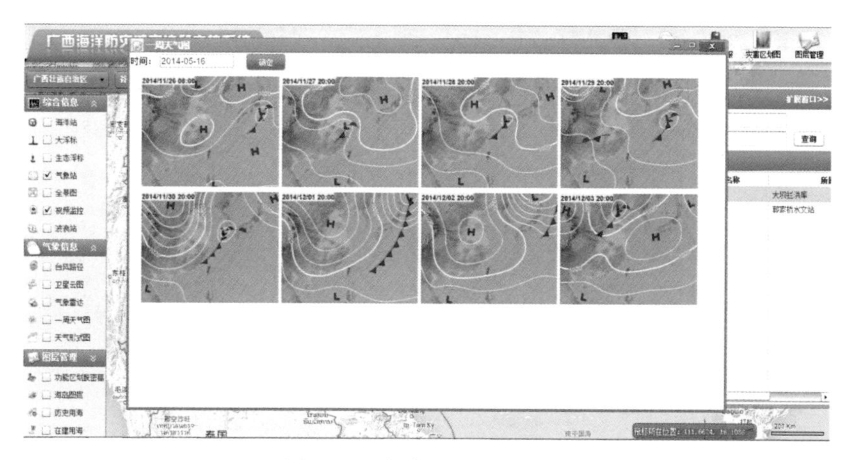

图10-52　气象预报数据展示

图10-53　视频监控实景展示

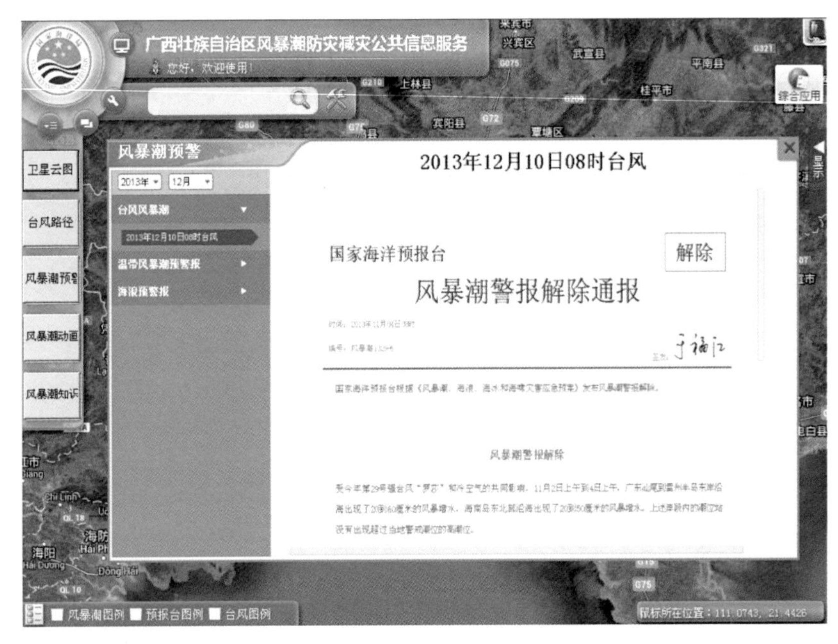

图10-54　风暴潮预警通报

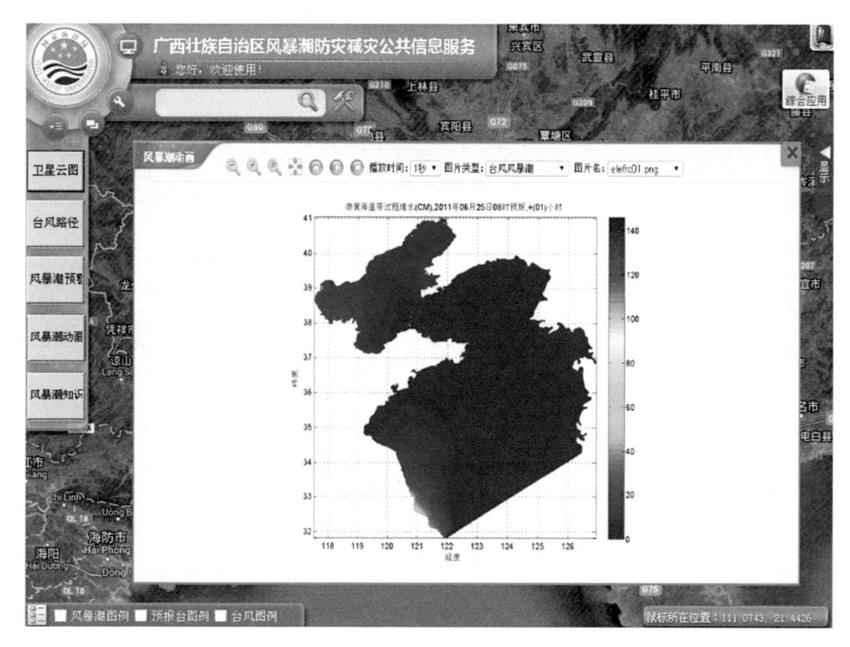

图10-55　风暴潮增水数值模拟

本章参考文献

[1] 张万桢, 刘同来, 邬满, 等. 使用环形过滤器的K值自适应KNN算法[J]. 计算机工程与应用, 2019, 55(23):45-52.

[2] 文莉莉, 李焰, 曾华, 等. 广西海域海籍基础调查项目（二期）[J]. 中国科技成果, 2018, (3):36-38.

[3] 文莉莉, 黄晓军, 李垚. 基于GIS的海域海籍综合管理系统的设计与实现[J]. 信息与电脑, 2016, (11):96-99.

[4] Li S, Pu G, Cheng C, et al. Method for managing and querying geo-spatial data using a grid-code-array spatial index[J]. Earth Science Informatics, 2019, 12(2):173-181.

[5] Mengke Y, Chengqi C, Bo C. Mining individual similarity by assessing interactions with personally significant places from GPS trajectories[J]. ISPRS International Journal of Geo-Information, 2018, 7(3):126.

[6] Kun Q, Chengqi C, Hu Yi'na, et al. An improved identification code for city components based on discrete global grid system[J]. International Journal of Geo-Information, 2017, 6(12):381.

[7] Li S , Chengqi C, Guoliang P, et al. QRA-Grid: quantitative risk analysis and grid-based pre-warning model for urban natural gas pipeline[J]. International Journal of Geo-Information, 2019, 8(3):122-136.

[8] Meng L, Tong X, Fan S, et al. A universal generating algorithm of the polyhedral discrete grid based on unit duplication[J]. International Journal of Geo-Information, 2019, 8(3):146.

[9] Liu J, Gong J H, Liang J M, et al. A quantitative method for storm surge vulnerability assessment–a case study of Weihai city[J]. International Journal of Digital Earth, 2016, 10(5):539-559.

[10] Wu Y C, Li S, Wang Y, et al. Spatiotemporal fuzzy clustering strategy for urban expansion monitoring based on time series of pixel-level optical and SAR images[J]. IEEE Journal of Selected Topics in Applied Earth Observations and Remote Sensing, 2017, PP(5):1-11.